"十二五"普通高等教育本科国家级规划教材

高校建筑环境与能源应用工程学科专业指导委员会规划推荐教材

暖通空调工程设计方法与系统分析

杨昌智　刘光大　李念平　编

朱颖心　主审

中国建筑工业出版社

图书在版编目（CIP）数据

暖通空调工程设计方法与系统分析/杨昌智等编. —北京：中国建筑工业出版社，2005（2024.11重印）
"十二五"普通高等教育本科国家级规划教材
高校建筑环境与能源应用工程学科专业指导委员会规划推荐教材
ISBN 978-7-112-06160-0

Ⅰ.暖… Ⅱ.杨… Ⅲ.①采暖设备—建筑设计—分析—高等学校—教材②通风设备—建筑设计—分析—高等学校—教材③空气调节设备—建筑设计—分析—高等学校—教材　Ⅳ.TU83

中国版本图书馆CIP数据核字（2005）第004204号

本书主要内容包括：热湿环境，暖通空调工程设计程序及内容，室内外计算气象参数，空调系统设计方法，供热与通风除尘系统设计方法，暖通空调系统冷、热源，工业厂房空调系统设计概要，主要公共建筑空调系统设计要点，高层民用建筑防排烟设计，暖通空调系统的节能设计与测控设计，工程问题反馈信息分析，设计实例等。

本书是高校建筑环境与能源应用工程专业指导委员会推荐的教材，也可供相关专业设计人员参考。

为了更好地支持相应课程的教学，我们向采用本书作为教材的教师提供课件，有需要者可与出版社联系。

建工书院：http://edu.cabplink.com
邮箱：jckj@cabp.com.cn　电话：（010）58337285

*　*　*

责任编辑：齐庆梅　姚荣华
责任设计：孙　梅
责任校对：王雪竹　张　虹

"十二五"普通高等教育本科国家级规划教材
高校建筑环境与能源应用工程学科专业指导委员会规划推荐教材
暖通空调工程设计方法与系统分析
杨昌智　刘光大　李念平　编
朱颖心　主审

*

中国建筑工业出版社出版、发行（北京西郊百万庄）
各地新华书店、建筑书店经销
天津安泰印刷有限公司印刷

*

开本：787×1092毫米　1/16　印张：12¼　字数：300千字
2005年2月第一版　2024年11月第十六次印刷
定价：**23.00**元（赠教师课件）
ISBN 978-7-112-06160-0
（21022）

版权所有　翻印必究
如有印装质量问题，可寄本社退换
（邮政编码　100037）

前　言

随着社会的进步、科技的发展，暖通空调的应用越来越广泛，暖通空调系统的构造日趋复杂，人们对暖通空调系统及工程设计的要求也越来越高。暖通空调工程设计是一项复杂的工作，它不仅要求设计人员掌握本专业的理论知识和具备一定的实践经验，同时还要求设计人员掌握本专业工程设计的方法、程序和相关的法规、标准。为了使广大设计人员搞好本专业的工程设计，许多优秀的暖通专家、工程技术人员作出了不懈的努力，编写出版了大量相关的设计手册、指南、措施等，有力地推动了整体设计水平的提高。对于普通高校本专业的学生以及从事暖通空调工程设计的新手，一方面从这些书籍中学到了丰富的实际设计经验，获得了大量理论教学中无法学到的知识，但另一方面也感到这些设计手册、设计指南、设计措施等都非常具体，很难在短时间内从整体上把握本专业工程设计的共性，如暖通空调工程设计一般的程序、方法、内容和深度等。为了使本专业的学生及从事本专业设计的新手在短时间内掌握本专业工程设计的程序、方法，了解设计中需要遵守的相关法规，把握设计所需资料的查取途径、方法等，为了配合普通高校本专业的教学需要，我们编写了这本书，以期使她成为理论教学和实际工程设计之间的桥梁。同时，为了使广大学生和新手不仅能从中学到具体的设计方法、设计步骤，而且能够以系统的观点实现真正的过程设计和节能舒适设计，并使设计的系统能实现节能运行，在这本书中我们还编入了室内热湿环境、暖通空调系统的节能设计与节能运行、工程问题反馈信息分析等方面的内容。

本书的编写得到了全国第三届建筑环境与设备专业教学指导委员会全体委员的支持，许多委员还提出了宝贵的意见，其中清华大学的彦启森教授对本书的编写给予了很大的支持和关心。朱颖心教授提出了许多非常具体中肯的修改意见和建议，并担任本教材的主审。机械工业第六设计研究院张家平教授等委员提出了许多难得的建议，在此，向他们表示感谢。特别是中国建筑工业出版社姚荣华副编审，本书从出版计划的提出、出版到重新修订、充实都得到了她的大力支持和热忱帮助，在这里向她致以诚挚的谢意；中国建筑工业出版社的齐庆梅编辑对本书的编辑出版付出了大量的劳动，向她表示感谢。本书在编写过程中听取了许多同行及兄弟院校专业任课教师的意见，使本书几经修改，日趋成熟，向他们表示感谢；此外，长沙有色冶金规划设计院的欧阳炎高级工程师在本书的编写过程中提供了许多设计素材，并作了部分文字、图片的录入工作，湖南大学硕士研究生叶国栋、文伟、刘成林、朱赤辉、马卫武、吴晓燕、李文菁、戴晓丽等为本书的部分文字录入、插图绘制及校对作了许多工作，在此一并向他们致谢。

由于时间仓促，编者的水平也有限，书中还存在许多不尽人意之处，欢迎广大专家、任课老师、同行不吝赐教，批评指正，以便不断改进。

目　录

第一章　热、湿环境 ·· 1
　　第一节　热、湿环境的构成及对人体的作用 ··· 1
　　第二节　热、湿环境的评价方法与评价指标 ··· 2
　　第三节　热、湿环境基本参数的测量 ·· 4
　　第四节　暖通空调系统与热湿环境 ··· 9

第二章　暖通空调工程设计程序及内容 ··· 11
　　第一节　暖通空调工程设计程序 ·· 11
　　第二节　设计规范和设计依据 ··· 11
　　第三节　设计文件编制深度 ·· 12

第三章　室内外设计计算参数 ·· 17
　　第一节　暖通空调工程室内外设计计算参数简介 ································ 17
　　第二节　室内外设计计算参数的获取 ·· 17
　　第三节　设计计算参数对暖通空调系统的影响 ··································· 18

第四章　空调系统设计方法 ··· 20
　　第一节　工况设计与过程设计 ··· 20
　　第二节　空调冷、热负荷计算 ··· 22
　　第三节　空调系统设计方法步骤 ·· 29
　　第四节　空调系统方案选择与设计 ··· 29

第五章　采暖与通风除尘系统设计方法 ··· 64
　　第一节　采暖系统设计方法 ·· 64
　　第二节　通风除尘系统设计方法 ·· 76

第六章　暖通空调系统冷、热源 ·· 80
　　第一节　空调冷源设备 ·· 80
　　第二节　暖通空调热源设备 ·· 97
　　第三节　热交换设备 ··· 103
　　第四节　蓄热（冷）空调系统 ··· 104

第七章　工业厂房空调系统设计概要 ··· 123
　　第一节　工业厂房空调过程分析 ·· 123
　　第二节　空气洁净厂房空调系统设计 ·· 126

第八章　主要公共建筑的空调设计要点 ··· 134
　　第一节　旅馆建筑空调系统设计要点 ·· 134
　　第二节　百货商场空调系统设计要点 ·· 138
　　第三节　影剧院建筑空调系统设计要点 ··· 140

  第四节 体育建筑空调系统设计要点 …………………………………………… 141

第九章 高层民用建筑防、排烟设计 ……………………………………………… 145

  第一节 防、排烟设计任务与特点 …………………………………………… 145

  第二节 防、排烟设计的有关建筑基本知识 ………………………………… 145

  第三节 自然排烟 ……………………………………………………………… 147

  第四节 机械防烟 ……………………………………………………………… 149

  第五节 机械排烟 ……………………………………………………………… 152

  第六节 地下汽车库的排烟设计 …………………………………………… 158

  第七节 防、排烟设备及部件 ………………………………………………… 158

第十章 暖通空调系统的节能设计与测控设计 ………………………………… 162

  第一节 影响暖通空调系统能耗的因素 …………………………………… 162

  第二节 暖通空调系统的节能设计 ………………………………………… 163

  第三节 暖通空调系统的测控设计 ………………………………………… 166

第十一章 工程问题反馈信息分析 …………………………………………………… 173

第十二章 工程设计实例 …………………………………………………………… 180

第一章 热、湿环境

我们人体处于热、湿环境中，热、湿环境直接影响人的生理、心理过程，不同的热湿环境对人体的作用是不同的。显然，要想创造一个适合于人体生理需要的热湿环境，首先必须了解热湿环境与人体的相互作用规律、评价方法以及热湿环境与暖通空调系统的关系。

第一节 热、湿环境的构成及对人体的作用

在我们所处的标准大气压下的空气环境中，可以说空气的温度、相对湿度、流速以及环境的平均辐射温度构成了影响我们人体所处的热、湿环境。人体与环境之间的相互作用过程实际上就是人体与环境之间的热湿交换过程，影响这一过程的因素除上述环境参数外，还取决于人体的新陈代谢率和着衣热阻。这六大因素共同影响着人体与环境之间的热湿交换。

人体与环境之间的热湿交换是通过对流热交换（C）、辐射热交换（R）、皮肤表面蒸发放热（E_{sk}）、呼吸对流热交换（C_{res}）和呼吸蒸发放热（E_{res}）等进行的（图1-1）。如果用 M 表示人体的代谢产热量，W 表示人体对外所作的功，S 表示人体储热量，则有如下关系式：

$$M = C + R + E_{sk} + C_{res} + E_{res} + W + S \qquad (1-1)$$

图1-1 人体与环境的热交换

式中，S 是人体体温上升或下降所引起的储热或失热。我们知道，人体的正常体温是 36.5～37℃。当人体得到的热比通过各种途径散发的热要大时，体温将升高，人体感觉热。人体为了维持正常体温将自动对体温进行调节，如出汗，依靠汗的蒸发带走多余的热量，如果大量出汗还平衡不了，体温将继续升高，此时 S 为正。反之，当人体总的失热大于代谢热时，人体感觉冷，人体将减少流向皮肤层的血液量使表皮温度降低，以减少散热量保持热平衡，若还平衡不了，身体肌肉就会紧张甚至寒颤发热，以抵消多的散热维持体温平衡，当还平衡不了，体温会开始下降，S 就会为负值。在一定范围内，人体的体温调节机构有一定的自我调节能力。人体维持正常体温时，$S = 0$，消耗在体温调节上的能量最小时，此时人体对热湿环境的感觉处于中立状态（不冷不热），当人体用于调节体温的能量越大，即热湿环境偏离中立状态越远，人体感觉会越不舒适。

但在另一方面，中立状态的热湿环境不一定就满足人们的需要。例如，当人们从事难度较大的工作时，中立状态的热湿环境对提高工作效率是有利的，而当从事简单的、非常容易的工作时，中立状态的热湿环境反而会降低工作效率，反而需要热湿环境在一定范围内有一点波动。

上述各影响因素对人体的作用是紧密相关的。如在一定的气温下，相对湿度越大，人体通过蒸发的散热量就越少，越容易感到闷热，反之通过蒸发的散热量越大，人体就会感到凉爽；而在一定的相对湿度下，气温越高通过对流的散热量越少，人体感觉热，反之人体感觉冷。而当气温高一点湿度低一点的热环境和气温低一点湿度高一点热环境可以对人体有相同的热作用效果，这一点在现实中我们都不乏体会。显然，组成热环境的各影响因素的不同组合，热环境对人体可以有不同的作用效果，但也可以有相同的作用效果。从暖通空调的角度来看，不同的组合暖通空调系统的能耗一般是不同的。因此，采用什么样的暖通空调方式、参数组合才能使人体更舒适、暖通空调系统更易于实现、更节能是热湿环境在暖通空调领域的应用研究主要的课题之一。

第二节 热、湿环境的评价方法与评价指标

要创造和保持一个舒适的热湿环境，首先就要掌握热湿环境的评价方法。如前所述，影响热湿环境的各因素的不同组合可以得到相同效应的热湿环境。那么如何衡量这些因素对人体的共同作用效果，人体在这个环境中的冷热感觉如何，如何定量地表示，这就是热湿环境评价所要解决的问题。

评价热湿环境就是将影响热湿环境的各要素和人体生理学结合人的主观感觉构造一个评价指标，这个指标反映人体对热湿环境的真实感受。如图 1-2 所示：

热舒适环境的评价指标有多个，常用的有作用温度 OT，预测平均冷热感 PMV，新标准有效温度 SET^* 等，这里我们简单介绍 PMV 和 SET^*。

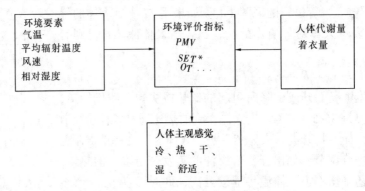

图 1-2 评价指标与环境及人体的关系

一、预测平均冷热感 PMV（Predicted Mean Vote）

PMV 指标是丹麦的 Fanger 教授提出的。它将人体对冷热的感觉分成七段，如表 1-1 所示。

PMV 和冷热感的程度对应　　　　　　　表 1-1

PMV	-3	-2	-1	0	+1	+2	+3
冷热感	非常冷	冷	有点冷	不冷不热	有点热	热	非常热
不满足率	99%	75%	25%	5%	25%	75%	99%

PMV 与人体的代谢量 M 和人体的蓄热量 S 的关系是:

$$PMV = f(M) \cdot S \tag{1-2}$$

式中,

$$S = M - (C + R + E) - (C_{res} + E_{res}) \tag{1-3}$$

在出汗和蓄热不明显的场合,上式中的各换热量可以按下列各式。

$$C = f_{cl} \cdot h_c \cdot (t_{cl} - t_a) \tag{1-4}$$

$$R = 3.96 \times 10^{(-8)} f_{cl} \times [(t_{cl} + 273.15)^4 - (t_r + 273.15)^4] \tag{1-5}$$

$$E = 3.05 \times (5.73 - 0.007M - p_a) + 0.42(M - 58.15) \tag{1-6}$$

$$C_{res} = 0.0014M(34 - t_a) \tag{1-7}$$

$$E_{res} = 0.0173M(5.87 - p_a \cdot M) \tag{1-8}$$

$$t_{cl} = t_{sk} - 0.155I(C + R) \tag{1-9}$$

$$t_{sk} = 35.7 - 0.0275M \tag{1-10}$$

式中 S, M, C, R, E——分别为单位人体表面积的蓄热、新陈代谢热、与环境的对流、辐射换热及通过皮肤的蒸发散热量,W/m^2;

C_{res}, E_{res}——分别为单位人体表面积的通过呼吸的对流散热和蒸发散热量,W/m^2;

t_{cl}, t_{sk}——分别为衣服外表面温度和皮肤温度,℃;

t_r, t_a——分别为平均辐射温度和空气温度,℃;

p_a——水蒸气的压力,Pa。

平均辐射温度 t_r 可以根据定义计算得到,但在实际应用中通常采用实测得到的空气温度 t_a (℃),风速 v (m/s),黑球温度 t_g (℃)用下式计算得到:

$$(t_r + 273.15)^4 = (t_g + 273.15)^4 + 2.47 \times 10^3 \sqrt{v} \cdot (t_g - t_a) \tag{1-11}$$

当气温 t_a 和黑球温度 t_g 之差小于 2~3℃,风速为 v 时,平均辐射温度 t_r 的计算可以简化如下:

$$t_r = t_g + 2.37\sqrt{v} \cdot (t_g - t_a) \tag{1-11'}$$

在(1-2)式中的 $f(M)$ 与代谢量的关系如下:

$$f(M) = 0.303\exp(-0.036M) + 0.028 \tag{1-12}$$

Fanger 教授通过实验得到了被实验者对温冷感的不满足率 PPD 与 PMV 的关系式如下:

$$PPD = 100 - 95\exp[-(0.003353PMV^4 + 0.2179PMV^2)] \tag{1-13}$$

从上式可以看出,即使 PMV 为 0,平均也会有 5% 的人不满足,这说明了人体对冷热感觉存在个体差异。

在 ISO 7730 中,PMV 作为标准的热环境指标被采用,并将 $PMV = \pm 0.5$ ($PPD = 10\%$)作为舒适域。值得注意的是,在上述表示各热量的计算式中,基本上是在人体舒适或接近舒适的情况下导出的。特别是,皮肤平均温度 t_{sk} 只考虑了人体的代谢热 M,而没有考虑其他环境条件和着衣的影响;蒸发热 E 没有考虑气温、辐射、风速和着衣的影响。显然,当偏离舒适状态,PMV 值较大时,将与实际偏差较大。所以,运用 PMV 进行评价应控制在 PMV 不超出 ± 2 ($PPD = 75\%$),最好是在 $PMV = \pm 0.5$ ($PPD = 10\%$)范围内使用。

二、新标准有效温度 SET^* (Standard Effective Temperature)

新标准有效温度就是冷热感觉及人体与环境的热交换量与实际环境等同的相对湿度为50%的标准环境的气温。它是由 Gagge 提出的，并作为标准的体感温度被 ASHRAE 采用。这里的标准环境是指相对湿度为 $r_{hs}=50\%$、风速为 $v_s=0.1m/s$、人体代谢量 $M_s=1.0met$，着衣热阻，$I_{cl.s}=0.6clo$ 的环境。SET^* 以实际气温 t_a、平均辐射温度 t_r、风速 v、相对湿度 r_h、代谢量 M、实际着衣热阻 I_{cl} 为输入值，用 Gagge 提出的人体二节点生理模型算出人体的平均皮肤温度 t_{sk} 和汗湿面积率 ω、结合热工学计算出通过皮肤面的换热量 M_{sk}，在实际环境和标准环境等冷热感觉的条件下，即：

$$\begin{cases} t_{sk \cdot s} = t_{sk} \\ \omega_s = \omega \end{cases} \quad (1-14)$$

以及实际环境和标准环境人体换热量相等的条件下，即：

$$M_{sk \cdot s} = M_{sk} \quad (1-15)$$

算出 SET^*。

由于在计算 SET^* 的过程中，全部考虑了热环境的六大要素，因而可以说 SET^* 比 PMV 具有更加广泛的适用性。通过试验，在舒适的条件下，SET^* 的大致范围，美国人为 $SET^*=22.2\sim25.6℃$，日本人为 $SET^*\approx22\sim26℃$。

此外，还有一些其他的评价指标，如有效温度 ET^*、作用温度 OT 等。但比较全面、被广泛采用的是上述两个指标。

第三节 热、湿环境基本参数的测量

一、热湿环境的基本参数

身体感觉冷热的环境基本要素如上所述有：(1) 空气温度；(2) 空气湿度；(3) 风速；(4) 辐射温度以及在人体侧的着衣的热特性；(5) 着衣热阻和表示人体在体内产生的热量；(6) 代谢量六大要素。

这些要素在不同的场合、不同的时间，对环境和人体作用大小是不同的，有的因素在某种场合是主要因素而在另外的场合就成了次要因素。如在全空气系统中，空气的温度、速度和湿度是主要因素，通常以这些因素作为检测项目和控制参数；而在辐射采暖系统中主要的因素就成了气温、湿度和辐射温度了，此时气温、湿度和辐射温度就变成了重要的测定评价项目。在实际中要根据实际情况选择测定项目和相应的检测方法。本节介绍作为评价的基本要素的气温、湿度、风速、辐射温度、着衣量、代谢量的检测方法。

二、温度及其测量方法

1. 温度的表示方法

作为表示温度的单位通常有摄氏温度（℃）和华氏温度（F），二者的换算如下式所示：

$$t(℉) = (9/5)t(℃) + 32 \quad (1-16)$$

此外，还有以绝对零度（$-273.15℃$）为基准的绝对温度（K），绝对温度与摄氏温度换算关系为：

$$T = t(\text{℃}) + 273.15 \tag{1-17}$$

2. 温度计的种类

(1) 热膨胀直读式温度计

常用的有将酒精或水银封入玻璃中制成的棒状温度计，以及利用热膨胀系数不同的两种金属薄板随温度不同而变化这种特性的自动记录式温度计。

(2) 热电偶温度计

(3) 电阻温度计

3. 温度计的校正

为确保温度测量的精度，需要对测量用的温度计进行校正（标定），用作校正的温度计通常采用水银温度计或者是已经用标准温度计校正过的温度计。对于采用了二次仪表的测试系统，由于使用了连接测头和仪表较长的接线，则需要对包括二次仪表在内的温度测试系统整体进行校正。

4. 室温的测定

对于室温的测量首先要选择确定测点的位置。通常是在离地面 1~1.5m 的高度测量，这是因为人在居室内活动的范围都在离地面 2m 的范围，而上述高度可以说代表了这一范围的平均高度。在 ISO 7726 中推荐室温的测定高度为离地面 0.1m、0.6m、1.1m、1.7m。对于不同的建筑、不同的空调系统、在不同的时间其室温的分布一般是不同的，因此，在进行室温测量时应根据具体需要在有代表性的平面位置和高度位置上布置测点。

对于非稳态的室温测定，应选择热惰性较小的温度计，如热电偶温度计。对于辐射影响较明显的场合，在测量室温时要注意防止辐射的影响，可以在测头罩上一个用黑度较小的铝箔作成的筒状物，但当测头直径小于 $\phi 0.1~0.2$mm 时可以不用辐射罩。

5. 辐射的测定

热辐射的测定就是测定与人体进行辐射热交换的墙壁、家具等表面的温度，通过计算求出辐射热交换量和平均辐射温度，或者测定空间某点的辐射温度或辐射热量。以下介绍主要的测定方法。

(1) 接触法测定周围表面的温度

这是一种使热电偶或半导体温度计直接接触周围表面进行测定的方法。采用这种方法应注意：1) 使测头尽量细小；2) 测点应尽量选择能代表表面温度的点；3) 测头要与表面充分接触；4) 测量信号引出线从测点沿着表面要达 20cm 左右；5) 尽可能消除干扰表面温度的影响。

(2) 非接触法测定周围表面温度

这是采用红外线辐射温度计测量周围表面温度的一种方法。由于它不接触周围表面，因而不影响表面温度，并且与接触法相比能够更加简便地测定。热辐射温度计有测量表面中一些点的温度的点测型和测量表面温度分布的热画像型。对于利用红外线进行测量的表面温度测量装置必须预先输入被测表面的黑度 ε，因此在需要准确测量表面温度的场合，被测表面的黑度是必须的。在以要计算平均辐射温度为目的的场合，黑度以 1 进行测定，对于黑度未知及黑度不同的物体组合的场合，需要与接触法并用。

(3) 黑球温度计

黑球温度计是通过测量无发热球的辐射与对流达到热平衡时的温度，从而求出平均辐

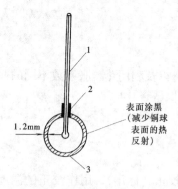

图 1-3 黑球温度计
1—温度计；2—橡皮塞；
3—外径为 150mm 的铜板
中空球（板厚 1.2mm）

射温度的一种平均辐射温度测定装置。其结构如图 1-3 所示。由黑球温度计所显示的温度，即黑球温度 t_g、气温 t_a、和风速 v 的测定值可以计算出平均辐射温度 t_r。这个平均辐射温度 t_r，由于球和人体的大小、形状都有明显的不同，因此严格地讲它与环境对人体的平均辐射温度是不同的。但是对于一般的室内环境它和人体的感觉比较接近，因而可以近似使用。特别是，当气流速度很小时，其表示的温度与环境对人体的作用温度基本一致。平均辐射温度由下式求得：

$$(t_r + 273.15)^4 = (t_g + 273.15)^4 + 2.47 \times 10^8 \sqrt{v} \cdot (t_g - t_a)$$
(1-18)

当气温 t_a 和黑球温度 t_g 之差小于 2~3℃时，可用下式简化计算：

$$t_r = t_g + 2.37 \sqrt{v}(t_g - t_a)$$
(1-18′)

式中 t_r——平均辐射温度，℃；

t_g——黑球温度，℃；

t_a——气温，℃；

v——风速，m/s。

黑球温度计由于球内的空气有一定的热容量，因而测量具有一定的延迟性，使用时要考虑测定时间。同时，读取数据时人体不要长时间地靠近温度计，还要避免靠近其他发热体。

三、湿度的测量

1. 湿度的表示

绝对湿度：单位质量的干空气中含水蒸气的量（kg/kg）。

相对湿度：一定的温度下空气中的水蒸气分压力 P_a 和同温度下空气中水蒸气的饱和分压力 P_a^* 之比的百分数。

露点温度：当水蒸气分压力与某一温度下所对应的水蒸气饱和分压力相等时，所对应的这个温度就是这个水蒸气分压力下的露点温度。

2. 湿度计的种类

（1）阿斯曼通风干湿球温度计

测量空气的干湿球温度，据此计算或从 h-d 图上查得空气的湿度。

（2）电阻式湿度计

利用陶瓷等对水蒸气有很好的附着性，附着水蒸气量的改变引起电阻变化的特性来测量湿度的湿度计。

（3）电容式湿度计

利用电容随湿度的变化而改变的特性进行湿度测量。

（4）毛发式湿度计

毛发和植物纤维等会随周围湿度的变化而其长度会伸缩，利用这一性质制作的湿度计就是毛发湿度计。

3. 湿度的测量

在室内对湿度进行简易测定的场合，通常采用数字式湿度计。采用阿斯曼通风干湿球温度计测量湿度时，为了使其达到平衡，每点测量需要 3~5min 以上。即使是采用电阻和电容式湿度计，也要考虑时间延滞性问题。毛发式自动记录湿度计，主要用于以湿度管理为目的的场合，如美术馆、博物馆等的湿度测控常常采用。

四、空气流速及其测量

空气的流速是形成热环境的四个基本要素之一，同时还直接关系到室内热量及粉尘、有害气体等污染物的扩散。空气的流速主要以平均风速进行评价。但是，最近的研究发现，风速的不稳定度对人体的气流感也有较大的影响。

1. 风速仪的种类

在室内热环境的测量中经常使用的风速仪有热线风速仪、热敏电阻风速仪、晶体管式风速仪等。它们的构造、原理及使用方法在有关课程中已作过详细介绍。

2. 室内空气流速的测定

气流速度的测量高度，以离地面 10cm 和 100~120cm 的高度为好。在这两个高度位置正好是坐着的人着衣量少的脚踝关节部和裸露的脖子、头的部位，这些部位对气流十分敏感。在计测平面分布的场合，除了人员的工作位置等具有代表性的位置外，在近壁面和空调系统吹出口下方及近旁处也需设立测定点。

测量时，对于平均流速的测定要考虑到风速仪的时间延迟性；对于测量风速变动的场合要使用反应时间短的风速仪。

五、着衣量

1. 着衣量及热阻

冬天我们穿着毛衣等就是为了防止热的散发，此时毛衣等起着热阻的作用，表示着衣热阻的单位是 clo 值，1clo 相当于男性穿着西装时的热阻。

$$1\text{clo} = 0.155(\text{m}^2 \cdot ℃/\text{W}) \tag{1-19}$$

clo 值越大衣服的热阻越大，反之越小。一般的，厚衣服的 clo 值大，薄衣服的 clo 值小，长衣服的 clo 值大，短衣服的 clo 值小。显然，裸体时的 clo 值为 0。

2. 着衣热阻（clo 值）的测定

要精确测量着衣热阻值是困难的，不同面料的衣服、人体的不同姿势、衣服的大小不同，确切地说衣服的热阻是不同的。在此介绍着衣热阻的一般测量方法。

(1) 温度测定法

在十分平静的环境中测量被试验者着衣的表面温度 t_{cl}、衣服内的皮肤温度 t_{sk} 及作用温度 t_0（当气温和作用于人体的平均辐射温度相等时可以用空气温度代替），根据热平衡从下式求出着衣全体的热阻 clo 值：

$$I = (1/0.155h)(t_{sk} - t_{cl})/(t_{cl} - t_0) \tag{1-20}$$

式中　h——人体的综合换热系数，$\text{W}/(\text{m}^2 \cdot ℃)$；

　　　t_{sk}——人体的平均皮肤温度，℃；

　　　t_{cl}——着衣表面温度，℃；

　　　t_0——作用温度，℃。

在气温为20~25℃时，着衣内皮肤温度的经验值如下：

男性
$$t_{sk} = 0.42t_a + 23.60 \text{（℃）} \tag{1-21}$$

女性
$$t_{sk} = 0.52t_a + 21.10 \text{（℃）} \tag{1-22}$$

（2）衣服重量测定法

在气温20℃，相对湿度60%~65%的恒温、恒湿环境中称取其重量W（g），然后按下面的计算式求得其clo值：

男性衣服，且$W \leqslant 3000g$，
$$I_{clo} = 0.00058W + 0.068 \text{(clo)} \tag{1-23}$$

女性衣服，且$W \leqslant 2000g$，
$$I_{clo} = 0.00103W - 0.025 \text{(clo)} \tag{1-24}$$

式中 W——衣服总重量，g。

（3）多件衣服的clo值

已知单件衣服的clo值$I_{clo,i}$，则多件衣服的热阻值可按下式计算：

男性衣服，总热阻不超过1clo时
$$I_{clo} = 0.708\Sigma I_{clo,i} + 0.052 \text{（clo）} \tag{1-24'}$$

女性衣服，总热阻值不超过1clo时
$$I_{clo} = 0.802\Sigma I_{clo,i} + 0.013 \text{（clo）}$$

六、代谢量及其测量方法

如前所述，人在体内的产热量与向体外的散热量相等时，体温保持一定。人体的产热来源于人体对所摄入的食物的消化分解。成人每天的代谢热大约为10500kJ，安静的时候约为6300kJ。

人的活动量或者作业强度可以用此时的代谢量表示。通常用单位体表面积、单位时间的代谢量表示。如安静地坐在椅子上时为58.2W/m²。这个代谢量如果对标准体格的成人而言，每人相当于100W的电灯1个。作为代谢量的基准单位，通常用met表示，1met就是安静时的代谢量58.2W。

代谢量的测定

测定各种场合代谢量的方法有直接法和间接法。

（1）直接法

直接法就是直接测量人体各部分向外界散发的能量，包括辐射、对流、蒸发、做功等。当人体的体温恒定时，代谢量和散发量相等。

（2）间接法

是一种通过测定人体氧气摄入量来测定人体代谢量的方法。通过测量呼吸量和呼气中氧气和二氧化碳的浓度，算出氧气的摄入量，从而计算出代谢量。

$$M = (0.23R + 0.77) \times 0.10 \times (60 \times V_{O_2})/A_d \text{(met)} \tag{1-25}$$

式中 M——人体的代谢量，met；

R——呼吸商，被摄取的O_2量和排出的CO_2量的比，一般在0.7~1.0之间，安静时为0.83，重作业时接近1.0；

V_{O_2}——O_2的消耗量，L/min；

A_d——是人体的体表面积，$A_d = 0.202(W_t)^{0.425} \cdot (H_t)^{0.725}$, m²；

W_t——体重，kg；

H_t——身高，m。

第四节　暖通空调系统与热湿环境

人类为了抵御严寒和酷暑，很早以前就采取了各种各样的办法，如生火取暖、凿窖储冰。随着工业的发达和科技的进步，出现了空调系统，人类真正能够随心所欲地控制自己居住的热湿环境了。然而，室外的寒暑如何影响室内，空调系统怎样保持室内的热湿环境，空调系统与热湿环境具有怎样的辩证关系，是我们设计和控制空调系统时需要掌握的。

一、室内热湿环境的内扰与外扰

这里指的内扰和外扰就是指影响室内热湿环境的室内和室外作用因素。如室内的照明装置、办公设备和人员向室内散热散湿，这些就是内扰；室内以外的作用因素如室外气温、湿度、太阳辐射、室外风速等就是外扰。

内扰主要是通过对流、辐射和蒸发（或吸湿）与室内进行热湿交换，最后使室内的空气温度和湿度发生变化。

外扰则主要通过玻璃门窗辐射、通过围护结构热湿传导以及通过室内外的空气交换进行热湿传递的。其中，辐射热是经透明或半透明玻璃门窗或玻璃幕墙进入房间后加热室内墙体及其他物体的表面，使这些表面的温度上升，然后这些表面与室内的空气进行对流换热；通过围护结构的热传导是热量从外墙经围护结构传入到内表面，再以对流和辐射的方式作用于室内。

不管内扰还是外扰，最后它们都使室内空气的温、湿度改变。

二、暖通空调系统与热湿环境

暖通空调系统的作用就是抵御室内热湿环境的内扰和外扰，维持人们所需的热湿环境。

以往的空调系统主要是以空气环境为控制主体，即室内空气的温度、湿度和速度。室内空气环境的内、外扰最终是作用到室内空气上，使室内空气的参数改变。为了抵抗这个干扰、保持室内空气的参数达到所需要的值，人们通过暖通空调系统向室内空气供冷（或供热），加湿（或去湿）。这样，毫无疑问能够保持我们所需的室内空气环境，然而也带来了一些问题。

首先，如前所述，影响人体冷热感、舒适感的环境因素不仅仅是空气的温度、湿度或者速度，还有环境的平均辐射温度。同时，对于舒适性空调而言还有人体侧的人体的着衣量和作业量（代谢水平）。例如，在寒冷的冬天，空气的温度很低，但我们晒太阳和不晒太阳是大不一样的。显然，只考虑空气的状态参数是不全面的，它不能够全面地代表人体对环境的冷热感觉。其次，虽然不管是室内环境的内扰、外扰还是暖通空调系统，对室内环境的作用结果最终都体现到室内空气的状态参数上，但是这个过程是缓慢的，其时间的延迟性很大。如辐射，它先作用于室内各个表面，使其温度上升，再由温度升高了的表面通过对流使空气升温。对于辐射干扰变化频繁时，势必会造成室内空气参数的频繁变动，使空调系统启停频繁，也影响着人体的舒适感觉。第三，对于这种以控制空气参数为目的的空调系统，其节能性较差。一方面，如上所述，由于干扰对室内空气影响的滞后性会使室内空气参数波动，为了抵消这种波动有时可能产生冷热抵消损失，空调系统的频繁启动也不可避免地降低空调系统的能效比，另一方面，由于空调系统通过空气作用于人体，因而必须要保证空气的温湿度，在夏季就需要较低的室内温度，在冬季就需要较高的室内空气温度，相反，如果采用辐射空调，由于增加了人体与环境的辐射换热，所需要的空气温度在夏季相对来说可以高一些，冬季就可以低一些，显然，通过围护结构的传热量和冷却或加热新风的能量都会比辐射空调方式大，在实际中为降低新风负荷，往往对新风量限制严格，从而也大大降低了室内的空气品质。

随着热湿环境研究工作的不断深入，发现传统的单一以空气参数为控制目标的空调方式已经越来越不能适应发展的需要了。实际上，对于舒适性空调系统，其服务的对象是人，而不是空气，因而应该以人为作用主体，而不是空气。事实上，如前所述，影响人体冷热感、舒适感的六大因素共同作用于人体，它们对人体的作用程度可以用热环境评价指标如 SET^*、PMV 等来衡量，例如在通常的范围内当 SET^* 值一定时人体的冷热感觉是相同的。而 SET^* 值是由前述六大要素构成的，因此我们有理由相信：对于空调系统，只要综合考虑这六大因素，使得所构成的 SET^* 值达到人体舒适的感觉即可。毫无疑问，要达到相同的 SET^* 值可以有许多不同环境参数的组合，研究这些参数的最佳组合对于降低空调系统能耗、开发新的空调方式下的空调设备及其控制方法、对于解决以往空调系统存在的不足、对于创造一个使人体更舒适健康的热湿环境有着重要的意义。

第二章 暖通空调工程设计程序及内容

第一节 暖通空调工程设计程序

民用建筑工程一般应分为方案设计、初步设计和施工图设计三个阶段,对于技术要求简单的民用建筑工程,经有关主管部门同意,并且在合同中有不做初步设计的约定,可在方案设计审批后直接进入施工图设计。

方案设计文件,应满足编制初步设计文件的需要;初步设计文件,应满足编制施工图设计文件的需要;施工图设计文件,应满足设备材料订货,非标准设备制作和施工要求。

第二节 设计规范和设计依据

一、设计规范

1. 暖通空调的一般规范
（1）采暖通风与空气调节设计规范（GB 50019—2003）
（2）民用建筑热工设计规范（GB 50176—93）
（3）冷库设计规范（GB 50072—2001）
（4）洁净厂房设计规范（GB 50073—2001）
（5）锅炉房设计规范（GB 50041—92）
（6）设备及管道绝热工程设计规范（GB 50246—97）
（7）城镇燃气设计规范（2002 年版）（GB 50028—93）
（8）城市热力网设计规范（CJJ 34—2002）

2. 防火类
（1）建筑设计防火规范（2001 年修订版）（GBF 16—87）
（2）高层民用建筑设计防火规范（2001 年修订版）（GB 50045—95）
（3）人民防空工程设计防火规范（2001 年修订版）（GB 50098—98）

3. 环境保护、劳动卫生与安全类
（1）工业"三废"排放试行标准（GBJ 4—73）
（2）工业企业设计卫生标准（TJ 36—79）
（3）工业企业噪声控制设计规范（GBJ 87—85）
（4）城市区域环境噪声标准（GB 3096—93）
（5）大气环境质量标准（GB 3095—82）
（6）商场（店）、书店卫生标准（GB 9670—88）
（7）锅炉大气污染物排放标准（GB 13271—91）
（8）低压锅炉水质标准（GB 1576—85）

(9) 放射性防护规定（试行）（TJ 8—74）

4. 基础类

(1) 采暖通风与空气调节制图标准（GB/T 50144—2001）

(2) 采暖通风与空气调节术语标准（GB 50155—92）

(3) 供热术语标准（CJJ 55—93）

(4) 建筑气候区划标准（GB 50178—93）

(5) 采暖通风与空气调节净化术语（GB/T 16803—97）

(6) 建筑采暖、通风、空调、净化设备计量单位及符号（GB/T 16732—97）

5. 施工验收类

(1) 采暖与卫生工程施工及验收规范（GBJ 242—82）

(2) 通风及空调工程施工质量验收规范（GB 50243—2002）

(3) 洁净室施工及验收规范（JGJ 71—90）

(4) 层流洁净工作台检验标准（GB 6168—85）

(5) 城市供热管网施工及验收规范（CJ 128—89）

(6) 制冷设备安装工程施工及验收规范（GBJ 66—84）

上述规范或标准，各制定部门根据实际情况的变化也在不断修订，在具体应用时应采用最新公布的版本。

二、基础资料和设计依据

1. 工程设计依据中与本专业有关部分

(1) 环保、消防、卫生、人防等方面的安全条款；

(2) 水、电、汽、燃料等能源的供应情况（包括价格）；

(3) 建设单位提出的有关基本建议和使用方面的要求、建设标准；

(4) 其他专业提供的工程设计资料。

2. 暖通空调室外空气设计计算参数（气象资料）

3. 负荷计算基础资料

(1) 建筑围护结构的构造尺寸，建筑材料及热工特性；

(2) 照明负荷及使用情况；

(3) 空调房间人员数量及活动情况；

(4) 设备散热量；

(5) 同时使用情况。

4. 主要暖通空调设备产品质量、市场使用情况及产品价格

第三节 设计文件编制深度

一、方案设计

1. 设计基础资料和依据

2. 设计所采用的规范和标准

3. 设计说明

(1) 暖通空调设计方案要点；

(2) 空调房间室内设计参数；
(3) 冷、热负荷；
(4) 暖通空调冷、热源选择及其参数；
(5) 暖通空调的系统形式，简述控制方式；
(6) 防、排烟系统简述；
(7) 新技术、新工艺的采用情况，节能，环保及安全措施；
(8) 方案的经济、技术分析；
(9) 其他。

二、初步设计

初步设计应包括说明书、设计图纸（小型、简单工程除外）、设备表及计算书（供内部使用）

1．说明书
(1) 设计依据
1) 与本专业有关的批文和建设方要求；
2) 本工程采用的主要规范和标准；
3) 其他专业提供的本工程设计资料等。
(2) 设计范围
根据设计任务书和有关设计资料，说明本专业设计的内容和分工。
(3) 设计计算参数
1) 室外空气计算参数
2) 室内空气设计参数
2．初步设计要解决的问题
(1) 采暖
1) 采暖热负荷；
2) 叙述热源状况、热媒参数、室外管线及补水与定压；
3) 采暖系统形式及管道敷设方式；
4) 采暖分户热计量及控制；
5) 采暖设备、散热器类型、管道材料及保温材料的选择。
(2) 空调
1) 空调冷、热负荷；
2) 冷、热源选择，冷、热水和冷却水参数；
3) 空调水系统、风系统简述；
4) 主要设备的选择；
5) 空调系统的防火技术措施；
6) 管道材料和保温材料的选择；
7) 监测与控制简述。
(3) 通风
1) 需要通风的房间或部位；
2) 通风系统的形式、换气次数和风量平衡；

3) 通风设备的选择；

4) 通风系统的防火技术措施。

(4) 防、排烟

1) 防烟和排烟简述；

2) 防烟设施及设备选型；

3) 排烟设施及设备选型；

4) 防烟、排烟系统风量及控制方式。

(5) 提请在设计审批时，需要确定的主要问题

3. 初步设计图纸

暖通空调初步设计图纸一般包括图例、系统流程图、主要平面图。

(1) 系统流程图应表示热力系统、制冷系统、空调水系统、必要的空调风系统、防排烟系统、送排风系统等系统的流程及控制方式。

(2) 采暖平面图

绘出散热器位置、干管入口、走向及系统编号。

(3) 通风、空调和冷、热源机房平面图，绘出设备位置、管道走向、风口位置、设备编号及连接设备机房的主要管道等。

4. 初步设计需列的设备表，列出主要设备名称、型号、数量及技术性能。

5. 初步设计计算书

暖通空调的冷、热负荷、空调循环水量、管径，应进行计算，主要设备进行选择。

三、施工图设计

施工图设计阶段，暖通空调专业设计文件应包括设计与施工说明、设备表、设计图纸和计算书。

1. 设计说明与施工说明

(1) 设计说明

应介绍设计概况和暖通空调室内外设计参数；热源、冷源情况；热媒、冷媒参数；采暖热负荷、耗热量指标及系统总阻力；空调冷热负荷、冷热量指标、系统形式和控制方法，必要时，需说明系统的使用操作要点，例如空调系统季节转换，防排烟系统的风路转换等。

(2) 施工说明

应说明设计中使用的材料和附件，系统工作压力和试压要求；施工安装要求及注意事项。采暖系统还应说明散热器型号。

(3) 当本专业的设计内容分别由两个或两个以上的单位承担设计时，应明确交接配合的设计分工范围。

2. 设备表，施工图阶段，型号、规格栏应注明详细的技术数据。

3. 设计图纸

(1) 首页图

首页图的内容包括图例、图纸目录（先列新绘图纸，后列选用的标准图或重复利用图）、设计主要参数说明。有时设计施工说明和设备材料表也放在首页图中。

(2) 平面图

1）绘出建筑轮廓、主要轴线号、轴线尺寸、室内外地面标高、房间名称。底层平面图上绘出指北针。

2）采暖平面绘出散热器位置，注明片数或长度，采暖干管及立管位置、编号；管径；管道的阀门、放气、泄水、固定支架、补偿器、入口装置、减压装置、疏水器、管沟及检查入口位置。注明干管管径及标高。

3）二层以上的多层建筑，其建筑平面相同的，采暖平面二层至顶层可合用一张图纸，散热器数量应分层标注。

4）通风、空调平面用双线绘出风管，单线绘出空调冷热水、凝结水等管道。标注风管尺寸、标高、及风口尺寸（圆形风管注管径、矩形风管注宽×高），标注水管管径及标高；各种设备及风口安装的定位尺寸和编号；消声器、调节阀、防火阀等各种不见位置及风管、风口的气流方向。

5）当建筑装修未确定时，风管和水管可先出单线走向示意图，注明房间送、回风量或风机盘管数量、规格。建筑装修确定后，应按规定要求绘制平面图。

（3）通风、空调剖面图

1）风管或管道与设备连接交叉复杂的部位，应绘剖面图或局部剖面。

2）绘出风管、水管、风口、设备等与建筑梁、板、柱及地面的尺寸关系。

3）注明风管、风口、水管等的尺寸和标高，气流方向及详图索引编号。

（4）通风、空调、制冷机房平面图

1）机房图应根据需要增大比例，绘出通风、空调、制冷设备（如冷水机组、新风机组、空调器、冷热水泵、冷却水泵、通风机、消声器、水箱等）的轮廓位置及编号，注明设备和基础距离墙或轴线的尺寸。

2）绘出连接设备的风管、水管位置及走向；注明尺寸、管径、标高。

3）标注机房内所有设备、管道附件（各种仪表、阀门、柔性短管、过滤器等）的位置。

（5）通风、空调、制冷机房剖面图

1）当其他图纸不能表达复杂管道相对关系及竖向位置时，应绘制剖面图。

2）剖面图应绘出对应于机房平面图的设备、设备基础、管道和附件的竖向位置、竖向尺寸和标高。标注连接设备的管道位置尺寸；注明设备和附件标号以及详图索引编号。

（6）系统图、立管图

1）分户热计量的户内采暖系统或小型采暖系统，当平面图不能清楚时应绘制透视图，比例宜与平面图一直，按 45°或 30°轴测投影绘制；多层、高层建筑的集中采暖系统，应绘制采暖立管图，并编号。上述图纸应注明管径、坡向、标高、散热器型号和数量。

2）热力、制冷、空调冷热水系统及复杂的风系统应绘制系统流程图。系统流程图应绘出设备、阀门、控制仪表、配件，标注介质流向、管径及设备编号。流程图可不按比例绘制，但管路分支应与平面图相符。

3）空调的供冷、供热分支水路采用竖向输送时，应绘制立管图，并编号，注明管径、坡向、标高及空调器的型号。

4）空调、制冷系统有监测与控制时，应有控制原理图，图中以图例绘出设备、传感器及控制元件位置；说明控制要求和必要的控制参数。

(7) 详图

1) 采暖、通风、空调、制冷系统的各种设备及零部件施工安装，应注明采用的标准图、通用图的图名图号。凡无现成图纸可选，且需要交待设计意图的，均绘制详图。

2) 简单的详图，可就图引出，绘局部详图；制作详图或安装复杂的详图应单独绘制。

4. 设计计算书（供内部使用）

(1) 计算书内视工程繁简程度，按照国家有关规定、规范及本单位技术措施进行计算。

(2) 采用计算机计算时，计算书应注明软件名称，附上相应的简图及输入数据。

(3) 采暖工程计算应包括以下内容：

1) 建筑围护结构耗热量计算；

2) 散热器和采暖设备的选择计算；

3) 采暖系统的管径及水力计算；

4) 采暖系统构件或装置选择计算，如系统补水与定压装置、补偿器、疏水器等。

(4) 通风与防烟、排烟计算应包括以下内容：

1) 通风量、局部排风量计算及排风装置的选择计算；

2) 空气量平衡及热量平衡计算；

3) 通风系统的设备选型计算；

4) 风系统阻力计算；

5) 排烟量计算；

6) 防烟楼梯间及前室正压送风量计算；

7) 防排烟风机、风口的选择计算。

(5) 空调、制冷工程计算应包括以下内容：

1) 空调房间围护结构夏季、冬季的冷、热负荷计算（冷负荷按逐时计算）；

2) 空调房间人体、照明、设备的散热量、散湿量及新风负荷计算；

3) 空调、制冷系统的冷水机组、冷热水泵、冷却塔、水箱、水池、空调机组、消声器等设备的选型计算；

4) 必要的气流组织设计与计算；

5) 风系统水力计算；

6) 空调冷热水、冷却水系统的水力计算。

第三章 室内外设计计算参数

第一节 暖通空调工程室内外设计计算参数简介

室内外设计计算参数是暖通空调工程设计最基本的依据之一。法定设计计算参数分室内计算参数和室外计算参数,它以"规范"和"标准"的形式由政府职能部门通过行政手段强制执行。室内外计算参数基本上指的是室内外气象参数。其中室内计算参数又分冬季采暖计算参数,冬、夏季通风计算参数,冬、夏季空调计算参数。这些设计计算参数包括气温、湿度、风速。这些参数的取值范围在我国的《采暖通风与空气调节设计规范》及有关的设计手册中都作了明确的规定。室外设计计算参数包括冬季室外计算温度,冬、夏季通风室外计算温度,夏季通风室外计算相对湿度,冬季空调室外计算温度、室外计算相对湿度,夏季空调室外计算干、湿球温度,夏季空调室外计算日平均温度,夏季空调室外计算逐时温度,冬、夏季室外最多风向、频率及其平均风速,冬、夏季室外大气压力,冬季日照百分率,采暖期天数,夏季太阳辐射照度,大气透明度等。这些计算参数在《采暖通风与空气调节设计规范》及有关设计手册和标准中也作了明确规定。

此外,还有针对于系统的计算参数,如最小新风标准、送风温差、气流速度等。

这些设计计算参数的大小直接影响着暖通空调系统负荷的大小和设备的容量,影响着工程的造价、系统的效率和运行费用。

我们从设计规范中可以看出,上述室内外设计计算参数的取值既不是实际值的最大值也不是最小值。这是在综合考虑了经济、技术性和系统的保证率等的基础上制定的,它也反映出国家的经济和能源政策,具有法定性。要使暖通空调系统对保持我们所需要的室内环境的保证率达到100%,在选取设计计算参数时必定要取可能出现的最大值和最小值,显然这是不经济的也是不现实的。在进行工程设计时,必须是既要考虑到一定的保证率,又要考虑到技术经济性和国家的能源经济政策。

第二节 室内外设计计算参数的获取

室内外设计计算参数分为法定的和非法定的,它们都是设计计算中必不可少的。除了上述法定的设计计算参数外,还有许多非法定的参数。在非法定参数中,一类是通过理论和试验研究或者现场测试得到的,如人体散热散湿、室内外墙体表面放热系数等,当设计条件与实验相同时,其参数值与实际比较吻合;另一类是通过对大量实际工程经过统计得到的,如各类建筑的空调能耗指标、冷热负荷指标等,它基本上是所有参与统计的数据的平均值。

1. 来源

(1) 室内外气象参数

室外气象参数是根据当地气象台站多年,有的甚至是几十年的观测数据,按照一定的统计规则得出的。这个规则就考虑了保证率和经济技术水平以及国家的有关政策。如《采暖通风与空气调节设计规范》中规定的"夏季空调室外计算干球温度,应采用历年平均不保证50小时的干球温度"。这里的"历年"规定"宜采取1951年~1980年,共30年,不足30年者按实有年份采用,但不得少于10年,少于10年者,应对气象资料进行订正。",且"统计干球温度时,宜采用当地气象台站每天4次的定时温度记录,并以每次记录代表6小时的温度核算"。室内气象参数则是根据人体对热湿环境的需要(对人体而言)或者是根据工艺过程的需要(对生产和工作而言)确定的。

(2) 针对系统的各标准参数

如民用建筑最小新风标准、暖通空调水系统的供回水温度、室内空气环境的卫生标准等,这些是既考虑到实际需要也考虑到现有的经济技术水平制定的。

(3) 其他参数

一般通过两条途径得到,对于实验型参数一般是通过理论和实验研究或者实际测试得出,如表面放热系数等。另一条途径则通过统计或者简略计算得到,如用于方案设计的各种估算指标。

上述参数在《采暖通风与空气调节设计规范》、各种相关设计手册、设计措施甚至有些生产厂家的资料手册中均有载录。本书在一些章节中对相关参数也作了部分摘录。

2. 设计计算参数的选取

设计计算参数直接影响设计结果,它的取值大小直接影响所设计系统及设备的大小、造价、运行效果等。设计计算参数选得过小,系统达不到所需要的保证率;选得过大,系统、设备就会过大,投资会大大增加,同时设备会有可能长期处于低效率状态下运行。因此,在选取设计计算参数时,首先要严格执行有关设计规范和标准,并遵照可用、可行、经济的原则。由于设计标准的高低对系统的造价及经济性有很大的影响,所以不要片面地追求高标准,要在能够保证需要的前提下尽量降低设计标准。如采暖,在室外计算温度为-10℃的地区,室内设计标准每降低1℃,可节能3%~5%,系统的造价也相应下降。

第三节 设计计算参数对暖通空调系统的影响

如上所述,暖通空调工程设计计算参数的取值,不仅直接影响系统的造价,也影响着系统的运行效率和运行能耗。

(1) 干球温度对冷热负荷的影响

根据 $Q = KF(t_w - t_n)$,室内外温差 $(t_w - t_n)$ 越大,从围护结构传入的冷(热)负荷也越大。

(2) 新风量对冷热负荷的影响

设室内外空气的焓值分别为 h_n 和 h_w,新风量为 L,则对于夏季新风负荷为

$$Q_x = L\rho(h_w - h_n) \tag{3-1}$$

对于冬季新风负荷为

$$Q_x = L\rho c(t - t_n) \tag{3-2}$$

(3) 夏季湿球温度(空气湿度)对系统冷负荷的影响

夏季室外空气的湿度越高，系统用于去湿的负荷越大，这主要体现在新风负荷上，湿度越大，室外空气的焓值越大，新风负荷也就越大。值得注意的是：空调系统用于除湿的负荷与用于空气降温的负荷相比更为可观，每千克干空气降低1℃，消耗的冷量为1.01kJ，而从空气中除去1g的水则需要消耗2.5kJ的冷量。

要降低系统能耗，一般有如下途径：

（1）减小室内外空气的温度差、焓差及新风量，即在满足要求的前提下尽量降低设计标准。

（2）可以根据实际情况在允许的范围内调整室内温湿度的取值。根据热湿环境的研究成果可知，当其他环境因素一定时，空气湿度低一点、温度高一点或者空气湿度高一点、温度低一点，能够得到相同的 SET^* 值，即人体有相同的温冷感。这样，我们可以在室外高湿的地区对室内的空气湿度取较大的值，温度取较小的值，这样可以降低用于去湿的冷负荷；而在干燥的地区对室内的空气湿度取较低的值，温度取较高的值，则可以降低通过围护结构的冷负荷。这一点可以从等焓线与等 SET^* 线斜率不同，在等 SET^* 线上取不同的点作室内设计点时系统的新风负荷不同，以及围护结构负荷不同可以证明。毫无疑问，在夏季，随着室内空气温度的升高，室内空气湿度的增加，空调系统的负荷是下降的，反之增大。显然，对于一个具体的室外气象环境、围护结构及暖通空调系统的特性，存在一个最优组合。

（3）充分全面地考虑和利用热湿环境的各个影响因素。如当环境的平均辐射温度不同时人体的冷热感觉是不同的。关于这一点我们都有体会：即使温湿度相同，但在春季和秋季我们的冷热感和着衣量是不大相同的，这主要是因为环境平均辐射温度不同的原因。因此，我们在选取室内设计参数时应根据环境的具体情况适当调整其取值范围。如当环境辐射温度高的场合取较低的空气温度值，反之取较高的空气温度值；在需要着衣量较多的场合取较低的室内空气温度，反之取较高的空气温度值。当然，最好以 SET^* 值作为暖通空调系统的控制参数，但设计计算也会复杂得多。

第四章 空调系统设计方法

第一节 工况设计与过程设计

为了做好一项空调工程的设计，首先必须要了解工况设计与过程设计的概念和它们之间的区别。为了说明这种差异，让我们先来看看空调负荷的特点。

一、空调负荷的特点

空调建筑，夏季要求供冷，冬季要求供热，春季和秋季为冬、夏之交的气候过渡季节。空调负荷除了随季节不同供冷供热媒体参数不同之外，还会随室内、外影响空调负荷的各种扰量的改变而不断变化。

空调冷负荷一般包括：建筑围护结构的传热量、室内照明散热量、人体散热量、动力设备散热量、新风带入的热量及各类散湿量。建筑传热量和新风带入的热量，随着室外气象条件的变化而变化。人体散湿量与建筑的使用性质、使用条件等许多因素有关，无时不在变化，如商业建筑，人员流量大，人体散热量成为建筑空调冷负荷的主要成分。人员流动又与商业建筑的类型、规模、所处城市的大小及地段等因素有关。散热量变化较大，照明散热量也是如此，存在许多不稳定因素。另外，对空调系统而言空调房间也不一定同时都使用，从以上分析可以看出空调负荷变化的复杂性。

在空调季节，空调系统不同负荷段所出现的时间频率可以说明空调负荷的变化状况。表 4-1 是根据资料介绍的某地区旅馆建筑夏季空调系统不同冷负荷的时间频率。

某地区空调部分负荷时间频率　　　　表 4-1

负荷（%）	5	10	20	30	40	50	60	70	80	90	100
时间（%）	2.76	18.02	22.53	19.02	15.76	9.62	6.11	3.75	1.49	0.35	0.07
累积时间（%）	2.67	20.69	43.22	62.24	78.0	87.62	93.73	97.48	98.97	99.32	100

表 4-1 是某地区旅馆建筑夏季从 5～9 月 2880h 的运行中，空调部分负荷时的时间频率，说明了该地区旅馆建筑夏季有 80% 以上时间的空调负荷，只占总设计负荷的 50%，只需要冷源系统设备的 50% 投入运行，空调负荷在 90% 以上的时间还不到 1%。不同地区、不同性质的建筑，空调部分负荷下的时间频率不同，不同性质的建筑，空调装置的使用制度不一样，负荷结构不一样，不同地区的气候特点也不一样，但总的来说，空调设备绝大部分时间处于部分负荷状况下工作。

二、过程设计

暖通空调设计方法一般是以夏季或冬季室外空气设计参数为依据的典型工况进行设计的。空调冷、热负荷是按最不利工况进行计算的。因此，空调设备的选型、管道输水系的能力可以满足最不利工况空调系统的使用要求。这种设计方法,我们称之为"工况设计",也就是"静态设计"。

前面说过,空调负荷随室外气象条件、使用特点随时都会变化的。要求空调系统和空调设备不断的改变运行工况,具有良好的调节性能来适应这一变化,而且要求空调设备在部分负荷时同样高效率运行,空调系统具有低的能耗指标。按"工况设计"设计方法进行工程设计,往往会出现如:空调负荷变化时,空调系统和设备不能进行相应的调节或调节性能比较差,出现大马拉小车现象,通过下面举例加以说明。

【例1】 某空调系统选择两台同型号的冷水机组,单台机组供冷量为 Q,相应选择两台同型号冷水泵并联运行,单台水泵流量为 G,扬程为 H,如图4-1、图4-2所示。

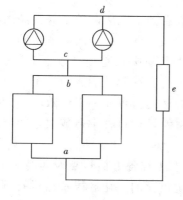

图4-1 设备连接图

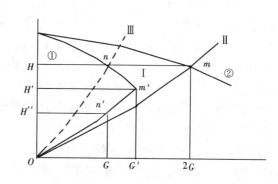

图4-2 水泵工作特性图

"工况设计"条件下运行时,两台水泵并联工作点 m,流量为 $2G$,扬程为 H。H 可由下式求得:

$$H = (Rl + Z)_{a-b-c-d} + (Rl + Z)_{d-e-a} \tag{4-1}$$

式中 $(Rl + Z)_{a-b-c-d}$——冷水机房水泵并联范围内的阻力;

$(Rl + Z)_{d-e-a}$——水泵并联范围以外的阻力。

图中曲线Ⅱ为系统管道特性曲线,图中曲线②为两台水泵并联工作的特性曲线。

当空调负荷率为50%时,只需开一台水泵即可,此时系统的阻力为 H''。

$$H'' \approx (Rl + Z)_{a-b-c-d} + 1/4 \times (Rl + Z)_{d-e-a} \tag{4-2}$$

设计的水泵性能是:流量为 G 时,扬程为 H,I 为一台水泵工作时管道的特性曲线。图中曲线①为单台水泵的特性曲线,此时水泵的工作点为 m',流量为 G',扬程为 H',如果要满足系统供水量 G 时,水泵的实际工作点为 n 点,则需要对管网进行节流,将特性曲线变成为Ⅲ。很显然,水泵的工作是很不合理的,因为水泵的扬程为 H'' 即可,而节流损失为 $H-H''$ 段,长期运行则会浪费大量的能量。因此,设计中,无论是系统设计还是设备选型都要考虑部分空调负荷时运行的特点。

【例2】 如上例两台相同的冷水机组,部分负荷时的耗电指标见表4-2。

"过程设计"也就是"动态设计"。"过程设计"就是在"工况设计"的基础上考虑空调系统的设计和设备的选型都能满足空调系统运行处于良好的状态,以达到最大程度节约能量的目的。

部分负荷时的耗电指标　　　　　　　表 4-2

负荷率(%)	制冷量(%)	耗电量(kW)	耗电指标(kW/kW)	负荷率(%)	制冷量(%)	耗电量(kW)	耗电指标(kW/kW)
100	1744	340	0.195	50	872	173	0.198
90	1570	294	0.187	40	678	146	0.215
80	1395	261	0.187	30	523	113	0.216
70	1221	230	0.188	20	349	85	0.244
60	1046	201	0.192	10	274	71	0.408

暖通空调工程的节能是目前十分突出的问题，应该看到，仅从设备本身提高效率来节约能量是有限度的。暖通空调行业经过几十年的发展，许多设备的效率得到了很大提高，进一步提高这些设备的效率是很困难的，有些设备哪怕是提高效率1%都是非常困难，另一方面也不是将许多高效率的暖通设备组合在一起就能成为一个高效的空调系统。当然，一个优秀的设计首先要选用性能良好，运行可靠，工作效率高的节能设备。但是空调系统设计方案不合理，可能使空调系统运行过程中造成大量的能量浪费，这些足以说明"过程设计"的重要性。

过程设计是一个比较复杂的设计过程，设计要考虑工程各方面特点及运行方式。同时，还要了解暖通空调设备的特性、工程规模、空调负荷的变化规律及运行管理方式，都直接影响到设计方案和设备选型，如旅馆建筑，空调负荷基本上属于全日型的连续负荷。负荷变化范围大，低负荷时，可能低于设计负荷的10%。选择冷水机组时，要求机组能处于高效率下运行。大家知道，离心式冷水机组制冷量大，效率高，但在低负荷下运行时，制冷效率下降比较多，而且容易产生喘振现象，应避免离心式冷水机组在低负荷时运行。因此，许多工程选择了离心式冷水机组和螺杆式冷水机组大、小匹配方案，充分利用离心机高负荷运行时节能的特点，又发挥了螺杆机低负荷运行时负荷调节的优势。

空调水泵运行时间长，耗电量比较大，而本身的调节性能比较差。因此，能量浪费也比较大，已经引起了人们普遍的注意。

围绕着水泵的节能，设计中提出了多种方案。根据空调负荷变化的特点，考虑运行调节的灵活性，水泵选型可以选择大、小泵匹配。冬、夏季分别设置冷、热水泵的形式。对于大型空调系统可采用二级泵及变频调速形式，总之，根据工程特点，合理设计水泵，以达到节约能量为目的。

第二节　空调冷、热负荷计算

一、空调冷负荷的计算

空调冷负荷计算是空调工程设计中最基础的计算工作，冷负荷计算的准确性直接影响到空调工程的投资、能耗、运行费用及使用效果。在初步设计阶段由于建筑设计的深度限制，在冷负荷计算中所需要的热工数据一般尚未确定，建筑方案还在不断完善。另外，人体、照明等散热量计算的基础资料也不齐全，要详细计算空调冷负荷存在一定困难。因此，在方案设计和初步设计阶段，一般采用冷负荷指标估算空调冷负荷。在施工图设计阶段，空调冷负荷计算所需的基础资料和数据基本齐全，冷负荷应该进行详细计算。由于围护结构都有一定的蓄热性，对负荷具有延迟和衰减作用，在进行冷负荷计算时采用非稳态计算法进行。

空调房间或区域夏季冷负荷应包括下列各项内容：

(1) 通过建筑围护结构传入的热量；
(2) 通过外窗进入的太阳辐射热；
(3) 人体散热量；
(4) 照明散热量；
(5) 设备散热量；
(6) 食品或物料的散热量；
(7) 新风带入的散热量；
(8) 伴随各种散热量产生的潜热。

空调房间或区域夏季计算散湿量一般包括下列各项内容：

(1) 人体散湿量；
(2) 新风带入的湿量；
(3) 液面或湿表面的散湿量等。

1. 围护结构的传热量的计算

(1) 外墙和屋顶传热形成的逐时冷负荷可按下式计算：

$$C_L = KF(t_{wi} - t_n) \tag{4-3}$$

式中　C_L——外墙或屋顶形成的逐时冷负荷，W；
　　　K——外墙或屋顶的传热系数，W/(m²·℃)；
　　　F——外墙或屋顶的面积，m²；
　　　t_{wi}——外墙或屋顶的综合冷负荷计算温度的逐时值，℃；它与围护结构所在地点、外表面的热工特性等有关；可以从有关设计手册、措施等资料中查得；
　　　t_n——室内空调设计温度，℃。

(2) 外窗内外温差形成的逐时冷负荷：

外窗温差形成的逐时冷负荷可按下式计算：

$$Q_{CL} = K_C F_C C_1 C_2 [(t_c + t_d) - t_n] \tag{4-4}$$

式中　Q_{CL}——外窗温差传热形成的逐时冷负荷，W；
　　　K_C——外窗的传热系数，W/(m²·℃)，见表4-3；
　　　F_C——外窗面积，m²；
　　　C_1——不同类型窗框的传热系数修正值，见表4-4；
　　　C_2——有内遮阳设施的传热系数修正值，见表4-5；
　　　t_c——玻璃窗的逐时冷负荷计算温度，℃，见表4-6；
　　　t_d——外窗逐时冷负荷计算温度的地点修正值，℃，见表4-7。

不同类型的玻璃窗传热系数 K_C 表4-3

玻璃类型	空气层（mm）	传热系数(W/(m²·℃))	玻璃类型	空气层（mm）	传热系数(W/(m²·℃))
单层透明玻璃		5.9	双层有色玻璃	12	1.8
双层透明中空玻璃	6	3.4	三层透明中空玻璃	2×9	2.2
双层透明中空玻璃	9	3.1	三层透明中空玻璃	2×12	2.1
双层有色玻璃	6	2.5	双层反射中空玻璃	12	1.6

不同类型窗框玻璃窗的传热系数修正值 C_1 表4-4

窗框类型	单层窗	双层窗	窗框类型	单层窗	双层窗
全部玻璃	1.0	1.0	木框，60%玻璃	0.8	0.9
木框，80%玻璃	0.9	1.0	金属框，80%玻璃	1.0	1.2

有内遮阳设施玻璃窗的传热系数修正值 C_2 表4-5

无内遮阳设施	有遮阳单层窗	有遮阳双层窗
1.00	0.75	0.85

玻璃窗的逐时冷负荷计算温度 t_c 表4-6

时间	0	1	2	3	4	5	6	7
t_c	27.2	26.7	26.2	25.8	25.5	25.3	25.4	26.0
时间	8	9	10	11	12	13	14	15
t_c	26.9	27.9	29.0	29.9	30.8	31.5	31.9	32.2
时间	16	17	18	19	20	21	22	23
t_c	32.2	32.0	31.6	30.8	29.9	29.1	28.4	27.8

玻璃窗的逐时冷负荷计算温度的地点修正值 t_d 表4-7

序号	城市	t_d	序号	城市	t_d
1	北京	0	17	武汉	3
2	天津	0	18	长沙	3
3	石家庄	1	19	广州	1
4	太原	-2	20	南宁	1
5	呼和浩特	-4	21	成都	-1
6	沈阳	-1	22	贵阳	-3
7	长春	-3	23	昆明	-6
8	哈尔滨	-3	24	拉萨	-11
9	上海	1	25	西安	2
10	南京	3	26	兰州	-3
11	杭州	3	27	西宁	-8
12	合肥	3	28	银川	-3
13	福州	2	29	乌鲁木齐	1
14	南昌	3	30	海口	1
15	济南	3	31	桂林	1
16	郑州	2	32	重庆	3

2. 通过外窗进入的太阳辐射热形成的逐时冷负荷

外窗太阳辐射热形成的逐时冷负荷可按下式计算：

$$Q_{CZ} = C_3 \cdot C_4 \cdot C_5 [F_C J_C C_C + (F_{Cl} - F_C) J_S \cdot C_{CN}] \tag{4-5}$$

式中 Q_{CZ}——外窗太阳辐射热形成的逐时冷负荷，W；

C_3——玻璃窗的遮挡系数，见表4-8；

C_4——窗内遮阳设施的遮阳系数，见表4-9；

C_5——窗的有效面积系数，见表4-10；

F_C——外窗受太阳直接照射的面积，m^2；

J_C——透过标准玻璃窗的太阳总辐射照度，W/m^2；

C_C——冷负荷系数；

C_{CN}——北向冷负荷系数，参见有关设计手册或设计措施；

F_{Cl}——外窗面积（包括窗框），m^2；

J_S——透过标准玻璃窗的太阳散射辐射强度，W/m^2。

玻璃窗的遮挡系数 C_3 表4-8

玻璃类型	层数	厚度（mm）	C_3	玻璃类型	层数	厚度（mm）	C_3
透明普通玻璃	单	3	1.0	灰色浮法玻璃+透明浮法玻璃	双	4+4	0.63
	单	5	0.93		双	6+6	0.55
	单	6	0.83		双	10+6	0.4
浅蓝色吸热玻璃	单	3	0.96	绿色浮法玻璃+透明浮法玻璃	双	6+6	0.55
	单	5	0.88				
	单	6	0.83	透明反射玻璃+透明浮法玻璃	双	4+4	0.58
透明普通玻璃	双	3+3	0.86		双	6+6	0.56
	双	5+5	0.78		双	8+8	0.52
	双	6+6	0.74		双	10+10	0.49
透明浮法玻璃	双	6+6	0.84	茶色反射玻璃+透明浮法玻璃	双	4+4	0.41
茶色浮法玻璃+透明浮法玻璃	双	4+4	0.66		双	6+6	0.35
	双	6+6	0.55		双	8+8	0.29
	双	10+6	0.4		双	10+10	0.26

窗内遮阳的遮阳系数 C_4 表4-9

内遮阳类型	颜色	C_4	内遮阳类型	颜色	C_4
布窗帘	白色	0.5	活动百叶（45°叶片）	白色	0.6
	浅蓝色	0.6		浅黄色	0.68
	深黄色	0.65		浅灰色	0.75
	紫红色	0.65	毛玻璃	灰白色	0.4
	深绿色	0.65			

窗的有效面积系数 C_5 表4-10

窗的种类	C_5	窗的种类	C_5
单层钢窗	0.85	双层钢窗	0.75
单层木窗	0.70	双层木窗	0.60

照明设备散热形成的冷负荷、其他方面的冷负荷以及冷负荷的详细计算参照《暖通空调》教材和相关的设计手册、资料。

二、热负荷计算

我们知道，空调冷负荷的计算要采用非稳态方法，而对热负荷的计算一般采用稳态方法。这是因为一般情况下冬季室内外平均温差比室外温度的波动幅度大许多，用稳态方法不至于产生大的误差，并且简单，特别在寒冷的北方地区，随着室内外平均温差的增大，误差减小。而在夏热冬冷地区，设备的容量往往按夏季负荷确定，而夏季冷负荷又比冬季热负荷大得多。

1. 采暖热负荷计算

采暖热负荷计算应包括：围护结构的传热量、渗入室内冷空气的加热量及各种修正值和附加值，室内各种稳定散热量应扣除。

围护结构的基本耗热量按稳态传热计算：

$$Q = aKF(t_n - t_{wd}) \tag{4-6}$$

式中 Q——围护结构传热量，W；

K——围护结构传热系数，W/(m²·℃)；

F——围护结构面积，m²；

t_n——冬季室内设计温度，℃；

t_{wd}——采暖室外计算温度，℃；

a——温度修正系数，见表4-11。

温度修正系数 a 表4-11

围护结构特征	C_5
屋顶与室外空气相通的非采暖地下室上面的楼板	0.90
与有外门窗的不采暖楼梯间相邻的隔墙	0.5~0.6
非采暖地下室上面的楼板，外墙上有窗时	0.75
与有外门窗的非采暖房间相邻的隔墙	0.7
与无外门窗的非采暖房间相邻的隔墙	0.4

围护结构两侧温差大于5℃时，应计算该围护结构的传热量。

在围护结构的耗热量的基础上进行修正和附加：

朝向修正率：北、东北、西北，取0~10%；东西，取-5%；东南、西南-10%~-15%；南，取-15%~-30%。风力附加率，建筑在不避风的高地、河边等旷野地点，其垂直的外围护结构上应附加：

外门附加：一般开启的外门（如住宅等），一道门附加 $65n\%$，两道门（一有门帘）附加 $80n\%$（其中 n 为外门所在层的层数），对频繁开启的外门（如办公室、商店等）应再乘以1.5~2.0的系数，但附加率最大不大于500%。

高度附加：当房间高度大于4m时（楼梯间除外），按房间总耗热量，每超过1m附加2%，但附加率最大不大于15%。

冷空气渗透耗热量按下式计算：

$$Q_{s} = 0.28\rho L_{\rho}(t_{n} - t_{wd}) \tag{4-7}$$

式中 Q_s——冷空气渗透耗热量，W；

ρ——采暖室外计算温度时的空气密度，kg/m³。

2．空调热负荷计算

空调热负荷包括：围护结构的传热量和新风的加热量，室内稳定的散热量应扣除。

空调热负荷计算，主要是用于确定空调系统热源容量，空调房间末端设备的选择，一般是按夏季供冷工况时选择。在南方地区，当末端设备满足供冷工况要求时，一般都可以满足供热工况要求。

空调热负荷，原则上按采暖热负荷计算方法计算，但室外计算参数的选取不同，分别对应于冬季室外计算参数和采暖室外计算参数。外门附加、高度附加一般可以不考虑，冷空气渗透耗热量由新风加热重新考虑。

三、空调冷负荷估算

由于空调冷负荷的影响因素繁多，作用方式复杂，计算非常繁琐，在不需要或无法精确计算的情况下，如对系统进行方案设计阶段，或尚无详细的建筑图纸，此时，往往采用冷负荷指标对系统负荷进行估算。

空调冷负荷的估算，一般是以单位空调面积或单位建筑面积作为估算基础，由于冷负荷的影响因素比较多，所以，通常资料中所推荐的冷负荷指标是给出一个范围。如何正确的选择，应该根据工程的具体情况确定，需要分析那些对冷负荷影响较大的因素及在该工程中的作用。譬如，设计中新风量取值的大小、人流情况、围护结构的热工特性及朝向等。如果有条件时，对一些主要负荷进行粗算和分析后再选择冷负荷指标，否则，选择的冷负荷指标将会出现很大的偏差。

表 4-12 是国内部分建筑空调冷负荷设计指标（W/m² 空调面积）。

表 4-13 是国内部分高层建筑冷水机实际装机容量及冷指标。

表 4-14 是不同类型建筑空调冷负荷设计指标（W/m² 建筑面积）。

空调冷负荷设计指标（W/m² 空调面积） 表 4-12

序号	建筑类型或房间名称	冷负荷指标（W/m² 空调面积）
1	旅馆类：标准客房	80~110
	酒吧、咖啡	100~180
	西餐厅	160~200
	中餐厅、宴会厅	180~350
	商店、小卖部	100~160
	中庭、大堂	120~160
	小会议室（允许少量吸烟）	200~300
	大会议室（不允许吸烟）	180~280
	理发、美容	120~180
	保龄球（投球区）	160~240
	健身房	100~150
	交谊舞厅	200~250
	迪斯科舞厅	250~350
	办公室	90~120
2	商场、百货大楼	150~250
3	餐馆	200~350
4	科研、办公室	90~140
5	公寓、住宅	80~90
6	图书、阅览	75~120
7	展览厅、陈列室	130~200
8	会堂、报告厅	150~200

建筑物冷水机实际装机容量及冷指标   表 4-13

建筑名称	建筑面积 (m²)	层数	制冷量 (RT)	单位建筑面积制冷量 RT/m²	单位建筑面积制冷量 W/m²
北京昆仑饭店	80000	30	2025	0.0253	89
北京香山饭店	36000	4	1200	0.0333	117
北京远洋大厦	56000	21	1500	0.0268	94
北京天坛饭店	35200	10	900	0.0256	90
北京钓鱼台宾馆	40500	9	1600	0.0395	139
北京外交部大楼	120000	19	2750	0.0229	81
海口南洋大厦	36000	28	1010	0.0291	99
大连富利华酒店	41000	24	1050	0.0258	90
厦门海洋大厦	23000	24	9000	0.0391	138
厦门外贸大厦	21000	18	660	0.0314	110
济南综合大楼	60000	24	2000	0.0333	117
深圳中国银行	52000	36	1750	0.0337	118
深圳香格里拉大酒店	62500	33	1700	0.0272	96
深圳阳光大酒店	39600	16	1000	0.0253	89
深圳国贸中心	99800	53	3000	0.0301	106
深圳金融中心	93000	30	3400	0.0366	129
深圳发展中心	75100	40	1550	0.0206	72
广州中国大酒店	105600	18	4000	0.0379	133
广州白天鹅宾馆	92000	34	2000	0.0217	76
广州华侨大厦	78000	39	1800	0.0231	81
天津水晶宫饭店	24000	8	800	0.0333	117
上海华亭饭店	78000	28	2010	0.0258	91
上海扬子江酒店	49000	36	1500	0.0306	108
南京金陵饭店	49600	37	1600	0.0323	114

建筑物综合冷负荷指标   表 4-14

建筑名称	空调面积比例（%）	冷负荷指标（W/m²）	建筑名称	空调面积比例（%）	冷负荷指标（W/m²）
宾馆建筑	80～90	100～130	商场	80～90	150～250
	70～80	90～120	住宅	30～50	30～45
办公楼	75～85	90～140		50～70	45～65
综合楼	75～85	100～140			

四、设计负荷

设计负荷是选择空调系统设备容量、决定系统能力大小的依据。设计负荷要尽可能接近实际负荷值，设备选得偏小满足不了实际需求，选得过大不仅系统的初投资增大，一些设备如冷热源很可能长期在低效率工况下运行。在根据负荷决定设备和管道大小时，末端和支管应按所负担区域的最大计算负荷确定；集中的冷热源设备和主管道大小应按整个系统实际可能出现的最大负荷确定，应考虑到系统各部分形成负荷的时间差，如娱乐与办公，商场与餐厅，其各自的高峰负荷一般情况下在时间上是错开的，应在计算负荷的基础上乘以同时使用系数。因此，确定总的设计负荷时要充分考虑这些因素。

第三节 空调系统设计方法步骤

如上所述要做好一项空调系统的工程设计是一项非常复杂的工作，不仅需要设计人员具有丰富的工程设计经验，扎实的理论知识，还需要设计人员熟悉设计原始资料，了解设计对象的性质、用途特点及对设计的要求，仔细研究设计对象的特点及对系统实际要求，根据具体情况选择最适合的设计方案，并对系统各部分进行最佳组合。

对于空调系统的设计步骤，根据具体情况不同的工程可能有些差异，但就一般空调系统而言其设计步骤如下：

1. 仔细阅读原始设计资料、文件，如设计任务书、建筑图，充分了解设计对象的特点及室内环境或工艺工程对空调系统的要求；
2. 收集相关的设计参考资料，设计手册、设计措施、设计规范（标准）、甚至产品样本等；
3. 查取室内外设计气象参数，计算空调冷、热负荷；
4. 选择和确定空调方案：空调方式、冷热源方案、系统控制方案等（需要作经济技术分析、比较）；
5. 设备选型（主机、末端设备）；
6. 系统布置（设备、管路等的布置）；
7. 系统水力计算；
8. 风机、水泵及附属设备等设备选型；
9. 防、排烟设计；
10. 施工图绘制。首页图、平面图、剖面图、系统图（系统轴测图）、原理图、机房布置图、大样图（详图）；
11. 整理设计、计算说明书。

在上述设计步骤中，对于不同阶段的设计（方案设计、初步设计、施工图设计），其相应步骤的详细程度不同（参见第二章）。

第四节 空调系统方案选择与设计

对于一个工程设计，所选择设计方案的好坏直接影响到整个设计的优劣，是工程设计的关键。而方案的选择可以说贯穿整个设计过程，如冷热源方案、空调方式方案、送回风方案、系统运行控制方案等。在不同的设计阶段可能都有多个设计方案可供选择，作为工程设计人员就是要通过经济技术比较，根据具体情况选择确定最好的设计方案。

对方案的选择过程是一个需要根据设计经验、相关政策、经济技术指标等进行定性分析和定量比较的过程。在定性分析中涉及到设计人员的设计经验、国家或当地政府部门的能源环境政策、设备和系统的性能、建筑的具体情况、施工安装及运行管理水平等；在定量比较中涉及到设备材料、施工安装的价格、系统的运行费用、使用寿命周期等。

一、冷热源方案

在选择冷热源方案时，首先要确定冷热源的类型，是压缩式制冷还是吸收式制冷，是热泵式机组还是单冷机组加锅炉等，需要根据设备性能、建筑情况、能源政策与价格、投资及运行费用情况等决定。其次要根据负荷大小和运行调节情况配备冷热源数量。具体见第七章。

二、空调系统方式与空调房间气流组织形式

选择空调方式时，应根据建筑物的用途、规模、使用特点、负荷变化情况和参数要求、室外气象条件及能源状况等，通过技术经济比较确定，目前集中空调的空调方式大致可以分为全空气空调系统和风机盘管加新风系统。

1. 全空气空调系统

全空气空调系统可分为定风量系统和变风量系统，单风管系统和双风管系统。全空气空调系统适用面积较大，空间较高，人员较多的房间，以及房间温度、湿度要求较高，噪声要求较严格的空调系统。全空气空调系统所选用的空气处理设备一般是组合式空调器。系统处理空气量大，所担负的空调面积也大。因此，全空气空调系统对空气的过滤、消声及房间温、湿度控制都比较容易处理。另外，全空气空调系统的新风调节方便，可以根据需要调节新、回风比。过渡季节可实现全新风送风，充分利用天然冷源，可节约能源，降低运行费。但是，全空气空调系统的组合式空调器占地面积比较大，风管占据空间较多，投资和运行费一般比较高。因此，在舒适性空调中使用往往受到一定的限制。

全空气空调系统，一个系统不宜供多个房间的空调。因为回风系统可能造成房间之间空气交叉污染。另外，调节也比较困难。

2. 风机盘管加新风系统

空调房间较多，面积较小，各房间要求单独调节。建筑层高较低，且房间温、湿度要求不严格的房间，宜采用风机盘管加新风系统。

风机盘管空调器使用灵活，调节方便，噪声较小，在空调系统中广泛使用。风机盘管的选型布置与建筑特点及装修关系密切。卧式暗装风机盘管一般安装在吊顶内。当平吊顶时，风机盘管应接一段风管，为了克服风管阻力，风机盘管应选用高静压型，一般机外余压为 30~50Pa，所以所接的风管不宜过长，气流形式一般为上送上回。当顶棚为两级吊顶时，风机盘管安装在低级吊顶的上方，多采用侧送上回，风机盘管一般不必接风管，可选用标准型风机盘管（见图4-3）。

当房间不吊顶时，可采用卧式或立式明装风机盘管。但总的来说，对室内整体布置和建筑美观会造成不良影响。有时，当房间不全面吊顶时，仍采用卧式暗装风机盘管，可用局部吊顶方式将风机盘管隐蔽起来。

对于面积比较大的房间，如门厅、营业厅、多功能厅等，可采用风柜空调器加新风系统。风柜空调器处理风量比较大，风压比较高，可以接一定长度的风管。卧式吊顶风柜使用方便，不占用建筑面积，应用比较广泛，但是吊顶风柜噪声偏高，尤其是安装在空调房间内的大型风柜，噪声影响往往是比较突出的问题。因此，单台风柜的处理风量不宜过大，应有效控制噪声。当选用大型号风柜空调器时，应采取相应的噪声控制措施，如在风柜的进出口处的风管上安装静压消声箱。

3. 空调房间气流组织形式

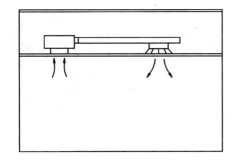 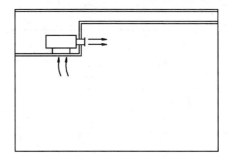

图 4-3 风机盘管安装示意图

空调房间的气流形式,应根据室内温、湿度参数、允许风速、噪声要求、建筑特点及内装修形式等因素综合考虑。

侧送风是空调设计中常采用的送风方式,可利用顶棚的二级吊顶或侧墙面进行送风。侧送风口一般可采用百叶风口或条缝型风口,侧送风宜采用贴附气流以增大送风的射程,改善室内气流分布。采用侧送风时,回风宜设在送风口的同侧。侧送风是一种比较经济而实用的送风方式。

当室内吊顶为平顶吊时,可根据房间高度和对气流的要求,分别采用散流器、条缝风口或孔板送风口送风。对于民用建筑舒适性空调,当建筑层高较高时,应考虑送热风时空气浮升力的作用,不宜选用贴附型散流器,如商场门厅的门、窗存在室外冷风侵入,回风口宜设在下面。

对于要求室温允许波动范围小,送风量大的工艺性建筑,宜采用孔板向下送风,既可保证室内空气参数的严格要求,也可不致造成室内风速过高,但这种送风方式费用较高。对于高大空间的公共建筑和室温允许波动范围不太严格的高大厂房,可采用喷口或旋流风口送风。采用喷口送风时,人员活动区宜处于回流区,喷口的安装高度,应根据房间高度和回流区的布置位置等因素确定,安装高度太低,射流容易直接送入人员活动区。对于冬夏季均使用喷口送风系统,为防止热射流因热浮力作用对气流的影响,选用的喷口应有改变射流角度的可能性。

对于高大空间,如果条件允许也可采用下送上回式气流组织形式,应考虑采用类似于置换式通风气流组织方式。

4. 空气的处理与凝结水排放

(1) 空气处理设备

空气处理设备用于对房间空调送风进行冷却、加热、减湿、加湿以及空气净化等处理,通常使用的有风机盘管、柜式空调器和组合式空调机组等。

1) 风机盘管

①风机盘管的类型

风机盘管是空调工程中广泛应用的空气处理设备,也常被称为空调末端装置。风机盘管根据安装形式分为卧式暗装、卧式明装、立式暗装、立式明装等几种基本形式,根据送风压力可分为普通型和高静压型。

a. 卧式暗装风机盘管

卧式暗装风机盘管的外形见图 4-4。

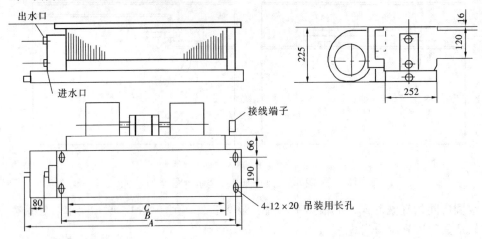

图 4-4　卧式暗装风机盘管

卧式暗装风机盘管由风机、换热盘管、机壳、凝结水盘等组成。空气入口处一般不带回风箱，但厂家可以根据要求配回风箱，也可以在现场制作。卧式暗装风机盘管通常安装在建筑室内吊顶内，悬挂在楼板下。普通型卧式暗装风机盘管不接风管或只接出风短管，将空气经处理后直接送入室内。如果要求风机盘管出风口接风管时，可选用高静压型卧式暗装风机盘管，这种型号一般出风口余压可达 30～50Pa。卧式暗装风机盘管的外壳进行了保温，防止外表面结露，凝结水盘端部有排凝结水管，回水管接管处带有排气阀。

b. 卧式明装风机盘管

图 4-5 是卧式明装风机盘管的外形图。

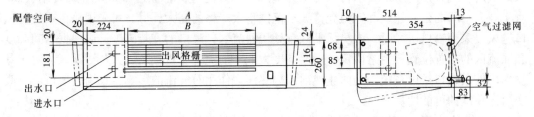

图 4-5　卧式明装风机盘管

卧式明装风机盘管与卧式暗装风机盘管的构造基本相同，前者外形比较美观大方，可以在室内明装悬挂于楼板下面，通常不再接风管，因此卧式明装风机盘管一般为普通型，不带余压。

c. 立式暗装风机盘管

图 4-6 是立式暗装风机盘管的外形图。

立式暗装风机盘管外观一般没有做美观设计，要求在安装完后在外部进行美观装饰。

d. 立式明装风机盘管

图 4-7 是立式明装风机盘管的外形图。

立式明装风机盘管的外观比较美观，一般明装在靠墙壁或窗台的地面上。

② 风机盘管的主要特性及选型

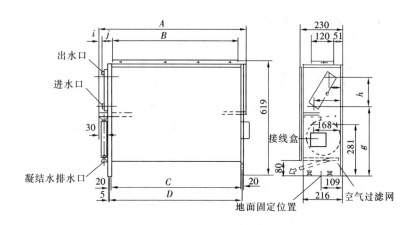

图 4-6 立式暗装风机盘管

风机盘管有两个主要的性能指标：即风量和热交换量。风量由风机型号确定，热交换量则是由盘管的热交换面积、冷（热）媒的温度和流量以及经过盘管的空气温度和流速所决定的。

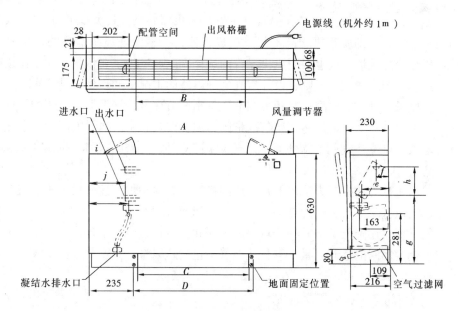

图 4-7 立式明装风机盘管

风量、热交换量、空气处理焓差及热交换面积存在以下换算关系：

$$Q = 0.28G(h_n - h_0) = 0.28G\Delta h$$
$$Q = KF\Delta t \tag{4-8}$$

式中 Q——热交换量，W；

G——风量，kg/h；

K——热交换器的传热系数，W/(m²·℃)；

Δt——空调冷冻水与空气之间的对数平均温差，℃；

F——热交换器的传热面积，m²；

h_n——风机盘管进风口空气的焓值，kJ/kg；

h_0——风机盘管出风口空气的焓值，kJ/kg；

Δh——空气处理前、后的焓差，kJ/kg。

Δh 反映出风机盘管的热交换盘管与风机的匹配关系，也反映出风机盘管对空气冷却和加热能力。空气处理焓差主要是根据空调房间的要求，取决于房间的热湿负荷状况及室内温度和相对湿度。但是，风机盘管作为通用设备，不同厂家生产的产品，空气处理焓差一般都比较大，可以满足较大范围内用户的要求。

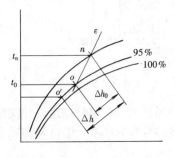

图 4-8 风机盘管空气处理过程

图 4-8 为风机盘管的空气处理过程焓湿图。当风机盘管进风干球温度和湿球温度一定时，它的空气处理焓差可以达 Δh，但往往在工程设计中实际上只需要达到 Δh_0 即可，这表明风机盘管的处理能力大于实际需要的要求，风机盘管所配备的热交换器的面积大于实际要求的换热面积。在设计选型中，一般根据室内空气的温度和相对湿度确定室内空气的状态点，根据热、湿负荷比确定空气处理过程线，从而确定室内空气的处理焓 Δh_0，在 Δh_0 确定后，风机盘管的实际热交换量就是风机盘管风量与 Δh_0 的乘积，即实际热交换量与风量成正比，为了保证风机盘管的热交换量就必须保证风机盘管的风量。这也表明风机盘管的选择应以风量为主要依据，如果仅按风机盘管厂家样本标明的冷量选型，则在设计空气处理焓差的工况下达不到设计要求。

另外，风机盘管一般选配三速开关调节风量来调节冷量，根据风机盘管的特性，当风量减少时，供冷量减少，可以达到调节冷量的目的。但是，由于风量的减少，空气处理焓差也随之增大，单位空气的除湿量增大，送风温度降低，同样，房间内的相对湿度也降低了。

目前，风机盘管的控制方法一般是采用温控电动二通阀加三速开关，不能控制送风的露点温度，当风量减少或房间的热湿比增大时，风机盘管处理潜热的负荷无形中增加了，不利于节能，而且还降低了房间的相对湿度。因此，风机盘管应根据房间的空调负荷和空气处理焓差确定房间的空调风量来进行选型（不包括新风量）。

$$G = 0.28Q/(h_N - h_s) \tag{4-9}$$

式中　G——房间空调送风量，kg/h；

Q——空调冷负荷，W；

h_N——室内空气焓值，kJ/kg；

h_s——室内送风状态空气焓值，kJ/kg。

风机盘管的供水温度和空调房间内空气参数一定时，供冷量随着供水量的减少而减少。因为当供水量减少时，回水温度会升高，减少了水和空气之间的传热温差，供冷量也随之减少；如果风机盘管的供水量一定时，供水水温升高，供冷量也同样减少；这两种情况如果在焓湿图上表示其过程的话可以看出，供冷量的减少主要是减少了除湿能力，也就是说在上述情形下风机盘管的除湿能力下降。

为了进一步了解风机盘管的特性，下面列举部分产品性能指标（见表 4-15）。

新晃卧式暗装风机盘管性能表 表 4-15

项　　目		200	300	400	600	800	1200
额定风量 (m^3/h)	H	350	530	700	1000	1300	1600
	M	260	330	480	630	970	1060
	L	150	200	280	410	600	670
冷却能力（W）		2035	2965	3950	5300	6975	8545
加热能力（W）		3560	5430	6800	9225	12420	16200
输入功率（W）		35	60	68	87	143	168
噪声值 dB (A)		37	36	40	47	47	47
水量（L/s）		0.099	0.145	0.192	0.257	0.340	0.416
水压损失（kPa）		3.4	7.2	13.7	29	9.2	15.2
重量（kg）		17	18	19	27	39	45

此外，风机盘管产品的选型资料还应附有当室内工况条件、水温、水量变化时的选型修正表。

2）柜式空调器的特性

柜式空调器的构造和原理基本与风机盘管相同。柜式空调器处理空气的能力和机外余压都比风机盘管要大，可以接风管进行区域性空调。柜式空调器按结构形式可分为卧式和立式两类，按处理工况可分为空调机组和新风机组，空调机组的设计进风工况为室内回风工况，新风机组的设计进风工况为室外新风工况。

卧式柜式空调器外形见图 4-9。它一般悬吊在楼板下的顶棚内，不占用地面有效面积，送风口一般为侧出风，也可做成上出风。为了减少设备占用的空间，应尽量减少设备高度，尤其是在建筑层高受限制的场合。

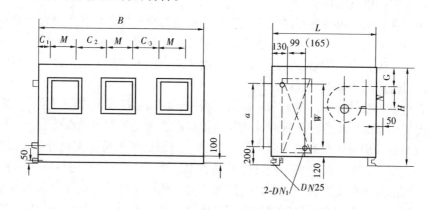

图 4-9　卧式柜式空调器

立式柜式空调器外形见图 4-10。它一般安装在地面上，需要占用一定的地面面积，但维修比较方便，送风口可以做成顶出风也可做成侧出风。

柜式空调器的技术参数一般根据两种使用工况标出，即新风工况和回风工况。用于室内回风工况时，夏季供冷的进风干球温度一般为 27℃，湿球温度一般为 21℃；冬季供热的进风干球温度一般为 20℃。用于新风工况时，夏季供冷的进风干球温度一般为 34℃，

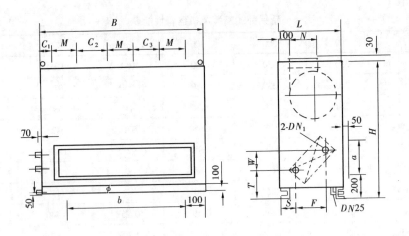

图 4-10 立式柜式空调器

湿球温度一般为 28℃；冬季供热的进风干球温度一般为 -4℃。空调冷水进水温度 7℃，出水水温 12℃；空调热水进水温度 60℃，出水水温 55℃。根据空气处理焓差要求的不同，热交换盘管可以做成 4 排、6 排和 8 排，一般地说用于室内回风工况时采用 4 排的热交换盘管，用于新风工况时采用 6 排或 8 排的热交换盘管。

柜式空调器是一种非标准型的通用设备，设计工况与实际使用工况不一定完全相同，在设备选型时应予以注意，并根据实际使用工况进行修正选型。

柜式空调器的处理风量可以从 1000~30000 m^3/h，在设计选型中应根据需要选配相应的风量和风压，当柜式空调器就地安装在空调房间时，应特别注意噪声对室内的影响。

3) 组合式空调机组

①组合式空调机组的构成

组合式空调机组是由各种不同的功能段组合而成的空气处理设备。组合式空调机组的基本功能段有：混合段，表冷段，加热段，喷淋段，过滤段，加湿段，新风、排风段，送风段，二次回风段，中间检修段，送、回风机段，消声段等。根据空调设计对空气处理过程的需要，可选用其中某些功能段任意组合。

组合式空调机组的外壳通常是采用双层钢板中间用聚氨酯发泡作保温层，也有的采用钢板加保温层的做法。混合段设有回风和新风接口，作为新风和回风在此混合之用。表冷段和加热段都是采用表面式换热器作为热交换器，根据热媒的情况实现冷却、加热功能，表冷段可以使用 7℃ 的冷水或 60℃ 的热水作为热媒；加热段一般使用热水或蒸汽作为热媒，两种热媒的换热器结构有一定差别，选型时应标明以免误用。表冷段和加热段是分开设置还是合用一套应根据空气处理过程的需要而定。加湿段用于对空气进行加湿处理，一般在有蒸汽来源时采用蒸汽加湿，也有的采用电加热水产生蒸汽用于加湿。过滤段是对空气进行净化处理，根据对洁净度的要求和空气的质量，可选用粗效过滤器或粗效加中效过滤器两级过滤。中间检修段用于设备检修和运行维护，如热交换器的维修、过滤器的清洗和滤料的更换等，应根据组合情况的需要设置。喷淋段的作用比较复杂，它根据水温的变化可以实现冷却或加热、加湿或减湿等功能，相应的其运行管理也比较复杂，一般应用不多。

②组合式空调机组的组合方法

组合式空调机组的功能段组合，主要是根据空气处理过程的需要而进行组合配置的，下面举例说明。

a. 夏季空气冷却去湿，冬季加热、加湿，送风机定风量运行，空气处理过程见图4-11。

夏季：室外空气 W_x 与室内空气 N 混合至 H_x 点，经表冷段冷却去湿处理到 S_x 点，送入房间沿热湿比 ε 过程至 N 点，流程图见图4-12（a）。

冬季：室外空气 W_D 与室内空气 N 混合至 H_D 点，经表冷段加热至 D 点，然后用蒸汽加湿处理至 S_D 点，送入房间沿热湿比 ε 过程至 N 点，流程图见图4-12（b）。

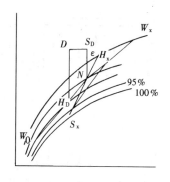

图4-11 空气处理过程

根据空气处理过程可以看出，夏季没有相对湿度要求，夏季和冬季热交换器只有单一的冷却和加热功能，可以合用一套热交换器。如果对空气洁净度要求不高，可以只采用粗效过滤器。各功能段组合示意如图4-13。

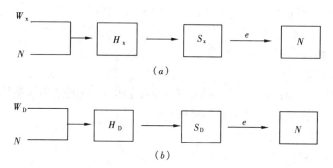

图4-12 空气处理过程流程图

b. 夏季空气冷却去湿，冬季加热、加湿，设回风机进行二次回风，空气处理过程见图4-14。

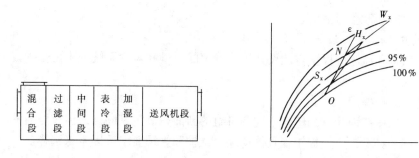

图4-13 功能段组合示意图　　图4-14 空气处理过程

夏季：室外空气 W_x 与部分室内空气 N 混合至 H_x 点，经表冷段冷却去湿处理到 O 点，再与室内的另一部分空气混合至 S_x 点，送入房间沿热湿比 ε 过程至 N 点。

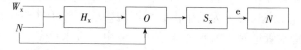

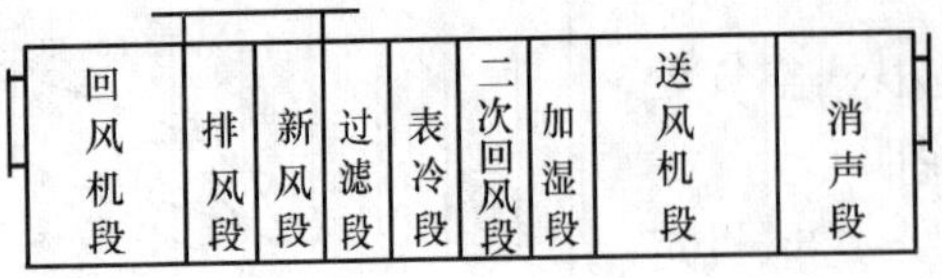

图 4-15 组合式空调机组

组合式空调机组的各功能段组合方法见图 4-15。

③组合式空调机组的选型

a. 组合式空调机组的断面积

组合式空调机组的断面积按下式计算：

$$f = L/3600v$$

式中 f——组合式空调机组的断面积，m^2；

L——空调送风量，m^3/h；

v——断面空气流速，m/s，一般 $v = 2.0 \sim 3.0$ m/s。

b. 热交换器的传热面积核算

热交换器的传热面积按下式核算：

$$F = \alpha Q/(K\Delta t) \tag{4-10}$$

式中 F——热交换器的传热面积，m^2；

Q——空气冷却或加热量，W；

Δt——对数平均温差，℃；

K——传热系数，W/($m^2 \cdot$℃)；

α——安全系数。

一般组合式空调机组的产品资料都配有热交换器的各种规格和选型计算方法，在工程设计中应根据设计工况和产品样本资料进行选型计算。

c. 加湿量的计算

空气加湿量按下式计算：

$$g = G(d_s - d_j)/1000 \tag{4-11}$$

式中 g——空气加湿量，kg/h；

d_s——送风空气的含湿量，g/kg；

d_j——进加湿段前的空气含湿量，g/kg；

G——空气流量，kg/h。

d. 风机的选择

风机的风量和风压应根据空调设计计算确定的风量和风管系统的阻力来确定，并考虑一定的安全系数。

④过滤段的选择

过滤段可以按前面计算的组合式空调机组的断面积确定其断面，但过滤器的形式和滤料材质有不同的种类，应根据工程具体情况、维护和管理要求等因素来选择。

(2) 凝结水排放系统

空气处理过程中会产生凝结水。凝结水的排放是空调设计的重要组成部分，工程实践中往往由于凝结水排放系统考虑不周造成漏水而损坏建筑装修。

凝结水排放一般为开式、非满流自流系统。为了保证自流系统的水头，凝结水管敷设应保证一定坡度。排放方式可分为集中排放和就地排放，有条件的地方，应优先考虑就地排放。就地排放的排水管道短，漏水可能性小。但由于排水点多、分散，有可能影响使用和美观；集中排放系统，水平管道敷设坡度一般不宜小于0.005，风机盘管支管坡度，规范规定不宜小于0.01。因此，凝结水排放管道水平距离不宜太长，否则，将会降低建筑物空间，同时也会增大漏水的可能性。

当凝结水排放为开式系统时，外界污染的可能性大，凝结水排放为间断性的，管道内总是处于干、湿交替状态，容易生产一些黏状物质，是凝结水管容易堵塞的原因之一。因此，在凝结水管的转弯处宜留有清理孔，以备清理脏物用。凝结水总立管顶端，宜作成通大气，便于排放空气，使立管内排水畅通。由于凝结水管经常处于干、湿交替状态，对普通钢管容易腐蚀，工程设计中一般多采用镀锌钢管或非金属管。另外，凝结水温度较低，风机盘管安装位置周围空气露点温度较高，尤其是间断运行的空调系统初始运行时，凝结水管外壁可能结露。因此，凝结水管一般要求保温。对于风柜、组合空调柜，凝结水盘一般处于负压，除了在排水处设置水封，防止外部空气吸入外，还应根据其负压的大小来考虑排水管道的坡度或高差。

1）凝结水量的计算

空气处理过程中凝结水的主要来源有室内各类散湿量和新风带入的湿量。

①新风机组的凝结水量

新风机组的凝结水量取决于室外空气的设计参数和新风处理终参数，见图4-16。

$$G = L_x\rho(d_w - d_0)/1000 \tag{4-12}$$

式中　　G——凝结水量，kg/h；

　　　　ρ——空气的密度，kg/m³；

　　　　d_w——室外空气的含湿量，g/kg；

　　　　d_0——处理后空气的含湿量，g/m³；

　　　　L_x——新风量，m³/h。

②房间空气处理设备的凝结水量

风机盘管和风柜在正常连续运行时，凝结水包括有新风含湿量和室内散湿量。

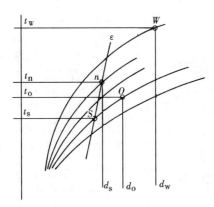

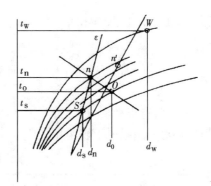

图4-16　新风机组空气处理过程　　　图4-17　房间空气处理过程

$$G = [L\rho(d_n - d_s) + L_x\rho(d_0 - d_n)]/1000 \tag{4-13}$$

式中　　L——空调送风量，m³/h；

　　　　G——凝结水量，kg/h；

d_s——空气处理设备出口空气含湿量，g/kg；

d_n——室内空气含湿量，g/kg。

正常运行时，新风中的含湿量大部分被新风机组除去。室内散湿量与房间使用性质有关，如办公室、客房，主要是人体散湿，散湿量不大。但是，对于间断运行的空调系统，在空调设备开始运行前，由于房间长时间未使用空调，室内温度和相对湿度均会上升，如图 4-17 中 n' 点所示，房间内已有空气量等于房间的体积，它的含湿量可用下式表示：

$$G' = V\rho(d'_n - d_s)/1000 \tag{4-13'}$$

式中 G'——房间内已有空气的除湿量，kg；

V——房间体积，m^3。

因此，空调系统在开始运行时的除湿量要远远大于正常运行时的除湿量，在短期内等于该工况下空气处理设备处理湿差的能力。为了简单起见，常以空气处理设备处理湿差能力下的凝结水量作为设备的排水量。

(3) 凝结水管径计算

凝结水排放按非满流形式计算，计算公式如下：

$$G = 3600vA \tag{4-14}$$

$$v = \frac{1}{m}R^{2/3}\sqrt{i} \tag{4-15}$$

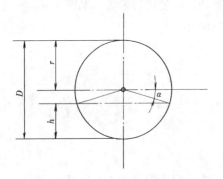

图 4-18 凝结水管断面

式中 G——凝结水量，m^3/h；

v——水的流速，m/s；

A——水流断面积，m^2；

m——粗糙度；

R——水力半径，m；

i——水力坡度。

设水平管道水流速为 0.35m/s，$m = 0.15$，

则 $h = 0.350$，见图 4-18。

$$A = (\theta - \sin\theta\cos\theta)r^2 \tag{4-16}$$

$$R = \frac{(\theta - \sin\theta\cos\theta)r^2}{2\theta r} \tag{4-17}$$

式中 r——管道半径。

通过计算，结果列于表 4-16。

凝结水管管径选择表　　　　　　表 4-16

坡度 i	流量 (m^3/h) 管径	DN20	DN25	DN32	DN40	DN50	DN65	DN80
0.01		0.059	0.107	0.21	0.38	0.71	1.415	2.378
0.005		0.042	0.076	0.149	0.267	0.498	1.002	1.653

为了使用方便，凝结水管管径可按末端设备的供冷量选用，见表4-17。

凝结水管管径估算表　　　　　　　　　　　　　表4-17

冷负荷（kW）	<10	11~20	21~100	101~180	181~600
D_N	20	25	32	40	50
冷负荷（kW）	601~800	801~1000	1001~1500	1501~12000	>12000
D_N	70	80	100	125	150

三、空调水系统

在空调系统的水系统中，比较复杂的应该是高层建筑的空调水系统了，在这里我们只对高层建筑的空调水系统方案进行说明。

针对高层建筑的特点及对空调的使用要求，空调方式一般多采用风机盘管加新风的空气——水空调系统。要求将冷、热源提供的冷水和热水输送至空调房间内的空气处理设备的冷、热盘管（如风机盘管、风柜等）。由于高层建筑面积大，层数和房间多，因此，使用的空调设备也多，空调装置有一个庞大的水系统。水系统的任务就是将冷、热媒水，按空调房间冷、热负荷的要求，准确的送至空气处理设备，处理房间内的空气。水系统投资比较多，水泵能耗较大，而且水系统对整个空调系统的使用效果影响大，是空调设计中的一个重要组成部分。

1. 水系统的分类及组成

空调水系统的分类方法很多，一般可归纳为以下几种主要类型：

（1）按供、回水管道数量可分为：双管制、三管制和四管制；

（2）按水在管道内的流程可分为：同程式和异程式；

（3）按供、回水干管的布置形式，可分为：水平式和垂直式；

（4）按系统是否有与大气直接相通蓄水池可分为：闭式和开式；

（5）按流量是否可调可分为：定流量和变流量。

工程中一般常用的是双管制闭式水系统。三管制和四管制水系统投资较高，系统比较复杂，一般很少采用，只有在有特殊要求，如同时要求既供冷、又供热时才采用。同程式和异程式、水平式和垂直式及定流量和变流量系统的选择，应根据建筑特征、系统大小、能源利用及投资等工程具体条件确定。

水系统的工艺流程和工作原理见图4-19。图4-20是双管制、闭式空调水系统工艺流程的基本形式。

夏季供冷时：冷水机组1制出7℃的冷水，经冷水泵4送至分水器7，然后，由分水器分别送至空调Ⅰ区和Ⅱ区空调房间空气处理设备9、10等，经换热后，水温升至12℃回至集水器8，最后，返回至冷水机组1，如此反复循环。

冬季供热时：热源设备2制出55℃或60℃的热水，经热水泵5送至分水器7，然后，按夏季供水路线循环，最后，返回至热源设备2。夏季工况转向冬季工况运行，是通过冷、热源设备的阀门切换实现的。

风机盘管等空气处理设备的支管上装有温控电动二通阀或三通阀（有的工程，由于资金等原因没有安装），根据负荷控制温度，如果夏季室温低于整定值时，通过电动阀调节或关断来调节水量。另外，电动阀与风机盘管的风机电源连锁，当风机盘管停止使用时，

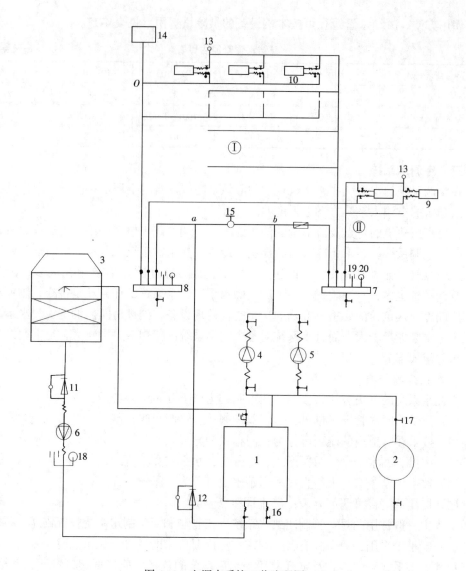

图 4-19 空调水系统工艺流程图

电动阀随之关闭停止供水。风机盘管启动使用时，阀门连锁开启，当系统中部分电动二通阀关闭时，系统阻力将增大，水泵扬程增高，a、b 两点的压差增大，水流量减少。为了保持系统内压力稳定，在供、回水总管之间设置带压差控制阀 15 的旁通管，当 a、b 两点间压差超过压差控制阀的整定值时，阀门开启，部分水量返回至冷水机组循环流动，冷水机组定流量运行。另外，对于间断使用的空调系统，如办公楼，空调冷水机组和水泵提前运行，而此时往往房间内的风机盘管还未完全开启，此时，循环水量也可通过压差旁通阀回流。

膨胀水箱一方面是收集因水被加热体积膨胀而增加的水容积，防止系统损坏，另外，还起定压作用。膨胀水箱的连接处为定压点，因此，膨胀水箱接于系统内不同的位置，可以改变水系统内的压力分布，这对高层建筑水系统的压力分布分析十分重要。

空调系统安装过程中，水管内会有可能会留下一些泥砂之类的脏物，水系统在长期运行中，也会不断产生一些锈之类的污物。为了防止空调设备换热设备内水管污染及系统局部发生堵塞，要求在冷水机组热源等重要设备水流入口处，设置水过滤装置，如图中11、12"Y"型过滤器。

水系统中管道的高处容易积聚空气。当管道内存有空气时，影响到水的流动。因此，图中排气阀13是为排除系统内的空气而设置的。

水系统中设置的阀一般有两个作用：一是起调节用，调节管网中的水量，另外是起关断作用，如变换季节时的冷、热源转换，或设备检修时，用阀门关断。对于具有振动的设备，为了防止振动通过管道传递，常在设备进、出口处的管道上设有软接管16，水泵的出口管上设置止回阀18。另外，为了空调系统调试和运行管理方便，水系中要求设置一些必要的仪表，如：

(1) 水温发生变化的地点，应设置测温装置，如冷、热源设备进、出口。

(2) 主要设备进、出口，一般需要设置测压装置，以便了解水系统中的压力分布情况及设备的阻力。

(3) 水流量计，与前后温度计配合，可以计算出供冷量。

(4) 过滤装置的进、出口位置设置压差测定装置，以便了解过滤器的运行情况，确定是否需要清洗。

2. 水系统划分

一个大型建筑，一般具有许多种功能，不同功能的房间，对空调的要求和使用制度不同。为了便于运行管理及节约能量，可以将庞大的水系统，根据房间的性质划分成若干个供水系统，在空调制冷机房集中控制。如旅馆建筑的客房、餐厅、歌舞厅等娱乐设施，它们对空调的要求和使用时间都不一样，设计水系统时，可以将它分成不同的供水环路。对于不连续使用的环路，在不使用时，可以关闭，如图4-19，假设Ⅰ区为高层办公室，Ⅱ区为商场，水系统分成两个供水环路，办公室只在白天上班时间使用空调，而商场从早到晚使用时间较长，节假日也不休息。因此，可以集中进行管理，有利于节能运行。供水环路的划分原则要根据建筑特点、对空调的使用要求及房间布局等进行综合考虑。

3. 水系统竖向分区

空调水系统竖向分区的目的，主要是解决设备和构件的承压问题，空调冷水机组的蒸发器、冷凝器的承压能力有一定要求，对离心式冷水机组产品而言，承压能力一般分为0.981MPa、1.715MPa、2.058MPa三个等级，不同的生产厂家略有不同。提高耐压等级，设备价格有所增加。水泵壳体的耐压取决于壳体的强度和轴封形式。上述设备往往是布置在建筑物的最低层承受静水压力最大的位置。除此之外，还要考虑空气处理设备、阀门、连接管件的耐压能力和施工质量等因素。

(1) 水系统的压力分布

水系统处于静止状态时，系统内各处的压力等于水的静水压力，其大、小只与该点至膨胀水箱水面垂直高度 h_n 有关。当水泵运转时，其系统内水压分布除与水泵在系统内所处位置有关外，还与膨胀管与系统连接位置有关。图4-20中，当水泵停止工作时，系统内各点的水压等于 $h_0\rho$（ρ 为水的密度），膨胀水箱在系统中的连接位置即为水系统中的恒压点。

图4-20中 a、b、c 点，是工程设计中常见的膨胀水箱连接的位置。在某些情况下，

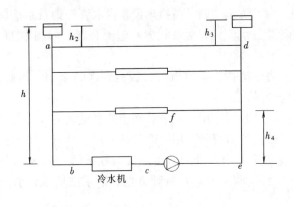

图 4-20 水系统示意图

也可能将膨胀水箱连接在 d 点。

a 点是水系统中工作压力最低的地方，无论在静止状态和工作条件下，a 点的压力均为 h_2，即该点的静水压力。只要该点保持正压，水系统中各个地方都不会出现负压，冷水机组入口处压力 P_b 为：

$$P_b = h - \Delta P_{a-b} \tag{4-18}$$

式中　　h——水系统的水位高度，m；

ΔP_{a-b}——$a-b$ 段管道的总压降，m。

水泵出口处压力 P_l，为水系统内最大工作压力点，由下式计算：

$$P_l = H + h - \Delta P_{a-b-c} \tag{4-19}$$

式中　　H——水泵的扬程，m；

ΔP_{a-b-c}——$a-c$ 段管道、设备的总压降，m。

最低层风机盘管的工作压力 P_f 为：

$$P_f = H + h - \Delta P_{a-b-c} - \Delta P_{e-f} - h_4 \tag{4-20}$$

当膨胀水箱接至 b 点时，b 点为恒压点，并等于 h。与连接 a 点比较，系统的工作压力提高了 ΔP_{a-b}。

膨胀水箱接至 c 点时，水泵入口的压力为 h，水泵出口的压力 P_1，$P_1 = H + h$。与连接 b 点比较，冷水机组的工作压力增大，其增加值大约等冷水机组的压力降，同时，最低层风机盘管的工作压力增加到：

$$P_f = H + h - \Delta P_{e-f} - h_4 \tag{4-21}$$

P_f 的工作压力往往会超过盘管的工作压力，设计时，应引起注意。对于高层建筑，应尽量降低水系统的工作压力，膨胀水箱连接在 a 点或 b 点是比较有利的，连接在 a 点，膨胀水箱还可以起到排放空气的作用。

膨胀水箱连接在 d 点，只是在特定情况下才采用。为了保证 a 点不产生负压，应提高膨胀水箱的安装高度，从 a 点的 h_2 提高至 h_3，且满足：

$$h_3 - h_2 \geqslant \Delta P_{d-a} \tag{4-22}$$

也就是说，膨胀水增加的高度要大于（等于）$d-a$ 段管道的总压降。很明显，这样提高了水系统的静水压力。另外 ΔP_{d-a} 是随水量变化而改变的，如果该段管道的水量增加，则 ΔP_{d-a} 也会增大，P_a 会降低，也有可能造成该点的负压。

(2) 水系统的竖向分区

高层建筑水系统内所承受的水压比较大，通过系统水压分布分析，考虑到各种综合因素影响，当所选用设备和构件不能承受系统水压时，水系统竖向应该进行分区，水系统竖向分区方法可归纳为以下主要形式。

1) 中间设置二次换热装置

为了减小底层设备的承压，中间设置二次换热装置。将系统分成低区Ⅰ和高区Ⅱ两个独立的水系统,见图4-21。低区Ⅰ中,1为冷水机组,3为冷水泵,5为膨胀水箱。高区Ⅱ中,4为冷水泵,6为膨胀水箱,2为中间换热器。低区供水温度为7℃,回水温度为12℃,通过换热器冷却高区供水。高区供水温度一般为8~8.5℃,回水温度为13~13.5℃。换热器通常选用板式换热器,它可以在介质温差很小时有较好的传热效果。通过间接换热器将水压传递隔断,组成了单独的水系统。

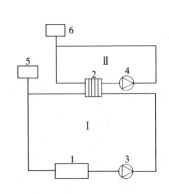
图4-21 中间二次换热分区图
1—冷水机组；2—中间换热器；3—低区水泵；4—高区水泵；5—低区膨胀水箱；6—高区膨胀水箱

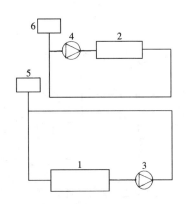
图4-22 上下分别设置冷源示意图
1—低区冷水机；2—高区冷水机；3—低区水泵；4—高区水泵；5—低压膨胀水箱；6—高区膨胀水箱

中间设置二次换热装置方式的缺点是:高区系统供、回水温度升高,空气处理设备也要求相应增大,增加工程投资,部分(高区)循环水重复扬送,增加了电能消耗。另外,大楼内另增加了水泵噪声源和管理上的不方便。有些情况下也可以将中间换热装置和高区水泵也设在空调制冷机房,因为板式换热器承压一般比较高,只需要提高水泵的承压能力。

2)分别设置冷源

为了减小下部设备的承压,将空调水系统竖向分成两个或两个以上的完全独立的系统。分别设置冷源常用的形式有如下几种类型:

a. 低区冷源设备选择水冷冷水机组,一般设在大楼的地下层。高区选风冷热泵机组布置在屋面层,见图4-22。

b. 低区冷水机组布置在大楼的地下层,高区选择水冷冷水机组布置在大楼中间部位的设备层。

c. 高、低区冷水机组均设置在大楼的地下层,或均设置在大楼中间设备层。

分别设制冷站时,其设备投资相对高些,设备的备用率相对较低,管理也相应不方便。

设计中,考虑到综合影响因素,一般将水系统垂直高度100m(最大静水压力约1MPa)作为竖向分区的界线。在实际工程中,建筑高度往往为了控制在100m以内,而接近于100m,再加上地下室高度,水系统高度达110m左右。因此也有人认为,为了系统简单、节省投资和运行费,水系统虽然超100m,竖向也不必进行分区,采用一泵到顶的系统。提高低区设备的承压等级的做法,它在一些工程中得到了应用。水系统的竖向分区方案，应该考虑到建筑特点、使用性质、设备选型及其吊装条件、运行管理和噪声影响等因素，并进行技术经济比较后确定。

4. 同程式和异程式系统

同程式和异程式是根据水的流动方向进行区分。同程式系统的供、回水干管的水流是沿着同一个方向流动，两个及两个以上的供水环路的供、回水管段总长度基本相等，见图4-23，即：

$$L_{a-F_1-b} \approx L_{a-F_2-b} \tag{4-23}$$

反之，为异程式，见图4-24。

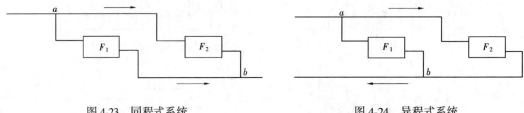

图4-23 同程式系统　　　　　　　　图4-24 异程式系统

由于同程式系统管段长度 $a-F_1-b$ 和 $a-F_2-b$ 基本相等，而且管道构件基本相同。因此，并联环路中，管道部分的阻力也相差不大，而异程式系统中，并联环路管段长度不相等，即：

$$L_{a-F_1-b} > L_{a-F_2-b} \tag{4-24}$$

因此，在异程式系统时，供水较远的环路的阻力要大于近环路的阻力。理论分析认为，从系统水力平衡而言，同程式系统要优于异程式。但在空调水系统环路中，除了管道及管道构件外，还存在空气处理设备，而这些设备的阻力一般相对比较大。另外，不同型号、不同规格的空气处理设备阻力也不一样。因此，设备阻力大小对系统平衡起很大的作用。当系统达到平衡时，则：

$$\Delta P_{a-F_1-b} + \Delta P_{F_1} = \Delta P_{a-F_2-b} + \Delta P_{F_2} \tag{4-25}$$

式中　ΔP_{a-F_1-b}，ΔP_{a-F_2-b}——分别为两并联环路中管段的阻力；
　　　ΔP_{F_1}，ΔP_{F_2}——分别为两并联环路中，空气处理设备的阻力。

两并联环路的不平衡率，用下式表示：

$$m = \frac{(\Delta P_{a-F_2-b} + \Delta P_{F_2}) - (\Delta P_{a-F_1-b} + \Delta P_{F_1})}{\Delta P_{a-F_1-b} + \Delta P_{F_1}} \tag{4-26}$$

式中　m——系统水力不平衡率。

由于空气处理设备阻力大，对水系统的水力平衡起着重要作用，因此，不能以同程式和异程式来论系统水力平衡的好、坏。如对于异程式，当 $\Delta P_{F_1} > \Delta P_{F_2}$ 时，m 值就有可能为负值，供水近环路阻力反而大于远环路阻力。对于一个庞大的水系统，，设计中进行水力平衡计算，往往存在一定困难，譬如空气处理设备的阻力就是一个难于确定的因素。有时不同阻力的设备交错布置，同程式布置失去了其应有的意义。为了尽量减少水力平衡的影响因素，在工程设计中，对于大型且供水半径比较大的水系统一般采用同程式，以尽量减少管道部分阻力的差错。实际工程中，由于受到条件限制，往往同程式布置存在具体困难或不合理，采用异程式布置也是可行的。如大楼的裙房部分，许多工程都是采用的异程式或同程和异程的混合形式，同样取得了良好的使用效果，其主要原因是对空气处理设备的特性有所了解。空气处理设备在供水量减少时，供冷量也随着减少，但供冷量减少的程度要小于供水量减少的程度，这一点在后面风机盘管部分将要提到。所以，当供水量在一定范围内改变，供冷量的变化不大。但是，水力不平衡的存在，对水系统的运行会造成重要的影响。譬如当系统水量减少时，可能会造成某些供水量偏少的空气处理设备因供水量不足而影响使用效果。因此，空气处理设备的进、出口支管上通常都设置有阀门，一方面是便于设备的维修，另外，用于水量平衡调节也是十分重要的。

5. 冷水泵的选择及节能

冷水泵是空调系统中的主要能耗设备之一，它的装机功率约占冷水机组的10%以上。水泵的节能是水泵选择时需要考虑的重要问题。如前所述，空调负荷是在不断变化的，空调设备一般都是处于部分负荷工况下工作。因此，首先要求水泵具有随着空调负荷变化而变化的良好的调节性能。另外，空调水系统是在设计工况条件下进行设计的，当系统设计有2台或2台以上水泵并联时，

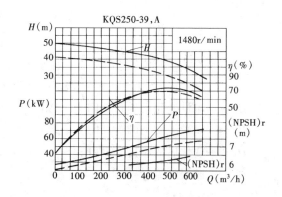

图 4-25 水泵的特性图

如果系统中只有一台水泵运行，因水量减少，管网的工作点发生很大的变化。根据水泵的特性可以知道，定转速水泵的流量调节主要依靠节流方法，虽然流量减少了但电耗减少不多，图 4-25 为一水泵的特性曲线，当水泵流量从 $500m^3/h$ 减少至 $250m^3/h$ 时，电功率从 64kW 降为 45kW。这时流量减少 50%，但电功率减少不到 30%。

表 4-18 冷水机组和水泵在部分负荷情况下的耗电量比较。从表中数据可以看出，水泵在部分负荷情况下电能的利用率远不如冷水机组，这说明水泵的选择和系统设计具有很大的节能潜力。

冷水机组和水泵在部分负荷情况下耗电比较 表 4-18

冷量（kW）	负荷率（%）	冷水机耗电		水泵耗电	
		功率（kW）	功率比（%）	功率（kW）	功率比（%）
1744	100	340	1.0	64	1.0
1308	75	245	0.96	55	1.145
872	50	173	1.02	45	1.405
436	25	99	1.16	36	2.248

(1) 定转速同型号水泵并联系统分析

定转速同型号水泵并联系统因具有设计方法简单的优点，所以在中小型空调工程中用得比较普遍。图 4-26 表示 2 台相同冷水机组和 2 台同型号水泵的并联系统。在设计工况下，两台水泵同时工作，水泵工作点在点2，见图 4-27。曲线Ⅰ和曲线Ⅱ分别表示单台水泵和两台水泵并联工作时的特性曲线。当空调负荷小于 50% 时，只需要一台冷水机组和

一台水泵工作，此时，并联环路以外共用的（见图4-1）管段中的流量减少了一半，在既定的管网中，流量变化时，其阻力与流量的平方成正比。

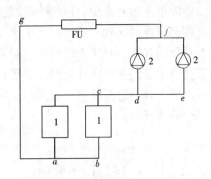

图4-26 水泵并联系统图

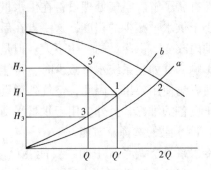

图4-27 水泵工作特性图

$$H_1/H_2 = Q_1^2/Q_2^2;$$

式中 H_1——流量变化后的管网阻力，Pa；

H_2——原来流量下的管网阻力，Pa；

Q_1——变化后的流量，m³/h；

Q_2——原来的流量，m³/h。

若：$Q_1/Q_2 = 1:2$

则 $H_1 = 1/4 H_2$

但空调制冷机房内设备中的水流量不变，并联环路中设备和管道的阻力也基本不变。因此，在一台水泵和一台冷水机组工作时，整个管网的特性曲线由设计工况下的 a 变成 b，一台水泵工作时的实际工作点为点1，而实际要求的工作流量为点3（流量为 Q，阻力为 H_3），只能通过对水泵节流后使其在点3'工作，很明显从3'节流到3的能量被损失掉了。可见多台同型号水泵并联系统，当其中部分水泵工作时，水泵运行时能量利用率低，运行费高。

同理，冬季和夏季同用一台水泵也会得到同样结果。南方地区一般夏季空调冷负荷要大于冬季热负荷。夏季供回水温差一般取5℃，而冬季可以提高到10℃。因此，一般情况下，夏季空调循环水远大于冬季，例如：

夏季空调冷负荷为 Q_x，冬季空调热负荷为 Q_d；夏季空调供回水温差 $\Delta t_x = 5℃$，冬季空调供、回水温度差为 $\Delta t_d = 10℃$，冬季空调热负荷与夏季冷负荷比为 n，则有：

$$Q_d = nQ_x \tag{4-27}$$

$$G_x = Q_x/5 \tag{4-28}$$

$$G_d = nQ_x/\Delta t_d = 5nG_x/\Delta t_d \tag{4-29}$$

式中 G_d——冬季空调循环水量，kg/s；

G_x——夏季空调循环水量，kg/s。

当取 $n = 0.6$，$\Delta t_d = 10℃$时，$G_d = 0.3 G_x$，即冬季空调循环水量仅为夏季的30%，相差很大。而水系统管网是按夏季空调工况进行设计的，正如前面所分析的，冬季和夏季合用一套水泵，在冬季运行时，将出现水泵大马拉小车现象，而且还将带来运行管理上的麻烦，如水泵电机电流过载等不安全因素。

图 4-28 中曲线 I 为设计的管道的特性曲线，水泵的流量为 Q_1，扬程为 H_1，水泵工作点为点 1。当要求流量改变至 Q_2 时，用阀门调节将管道的特性曲线改变成 II，水泵在点 2 工作，流量为 Q_2，扬程为 H_2，水泵的节流损失为：

$$n = (Q_1 H_1 \eta_2 - Q_2 H_2 \eta_1)/(Q_1 H_1 \eta_2) \tag{4-30}$$

式中 Q_1、Q_2——分别为水泵节流前、后的流量，m^3/h；

　　　H_1、H_2——分别为水泵节流前、后的扬程，Pa；

　　　η_1、η_2——分别为水泵节流前、后的工作效率。

这种调节方式能量损失大，运行不经济。

(2) 大、小水泵匹配

1) 流量相同，扬程不同的水泵匹配

采用流量相同，扬程不同的大、小泵的匹配方法是在设计工况时，采用大泵并联运行，在单台水泵运行时，选用与大泵流量相同，扬程不同的水泵。如图 4-29 和图 4-30 所示。

按设计工况运行时两台大泵运行，流量为 $2Q$，II 为一台大泵的特性线，I 为两台大泵并联运行时的特性线，①为设计工况时的管网特性线，水泵工作点为 1，扬程为 H，当只有一台冷水机组运行时，冷水流量为 Q，此时，管网的特性曲线为②，所要求水泵的工作点为 2，因此，选用一台特性曲线为 III 的水泵，流量为 Q，扬程为 H'，与单台大泵运行比较，可以减少从点 3 节流至 2 点的能量损失。

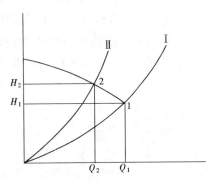

图 4-28　水泵特性调节示意图

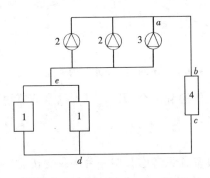

图 4-29　大小泵并联示意图
1—冷水机组；2—大泵；3—小泵；
4—风机盘管

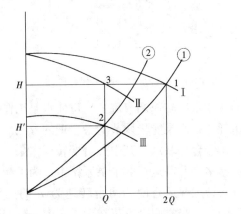

图 4-30　大小泵并联工作特性图

2) 扬程相同的多台小泵并联

采用扬程相同的多台小泵并联，将一台特性曲线为 I 的水泵改为两台特性曲线为 II 的小泵，并将 I 看作两台小泵的并联运行特性曲线。一台冷水机组运行时，两台泵并联运行，水泵工作点为 1，当要求水流量为 Q' 时，只开一台水泵，水泵工作点为 2，当要求流量为图 $Q/2$ 时，水泵工作点为 3。可见当流量从 Q' 至 $Q/2$ 间，只需开一台泵，可以节约能源，但水泵需要节流，存在有节流损失，而且冷水机组的特性也随着水泵流量的改变而变化。如图 4-31 所示。

3）变速调节

水泵转速改变，其流量、扬程和轴功率随着改变，变化关系如下：

$$G_1/G_2 = n_1/n_2 \tag{4-31}$$

$$H_1/H_2 = (n_1/n_2)^2 \tag{4-32}$$

$$N_1/N_2 = (n_1/n_2)^3 \tag{4-33}$$

式中　G_1，H_1，N_1——分别为水泵叶轮转速为 n_1 时的流量、扬程和功率；

　　　G_2，H_2，N_2——分别为水泵叶轮转速为 n_2 时的流量、扬程和功率。

同一水泵，不同转速具有不同的特性曲线。

图 4-32 表示不同转速的水泵特性曲线 n_1、n_2、n_3，工作点分别为 1、2、3，水泵转速改时不仅可调节流量，水泵的扬程也随着改变，流量变化与水泵功率存在以下关系：

$$N_1/N_2 = Q_1^3/Q_2^3 \tag{4-34}$$

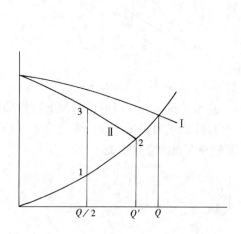

图 4-31　两台水泵并联工作特性图

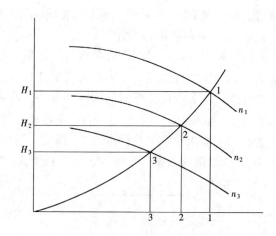

图 4-32　不同转速下水泵的特性

改变水泵转速调节流量，可使水泵工作效率高，能源利用合理，且可大幅度的节约水泵电耗，是水泵能量调节的最合理的方法。

①多台并联水泵其中一台变转速水泵

在多台并联运行的水泵系统中，为了减少工程投资，只考虑其中一台水泵变转速。

设计工况运行时，两台转速为 n 的同型号水泵并联运行，水泵并联特性曲线为Ⅱ（图 4-33）。当空调冷负荷减少，其中一台变转速水泵转速降至 n_1 时，特性曲线为Ⅲ，两台不同转速的水泵并联运行，特性曲线为Ⅳ，水泵工作点为 2，与两台特性曲线为Ⅱ的并联水泵比较，可以减少 1~2 段的节流损失，点 3 是一台水泵转速为 n 时的工作点，扬程为 H_3。当变速水泵转速降至扬程为 H_3 时，该水泵将不起作用了，此后，可以只运行一台变速水泵，流量从 Q'' 往下进行调节，因此，节能效果十分显著。

②多台并联水泵变转速

多台并联水泵采用变转速运行见图 4-34。

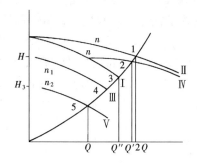

图4-33 不同型号水泵并联运行

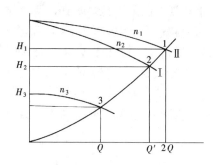

图4-34 并联水泵变速运行

设计工况运行时，水泵转速为 n_1，两台水泵的并联工作曲线为Ⅱ，流量从 $2Q$ 至 Q' 区间，采用两台泵同时变转速，流量小于 Q 时，采用一台泵变转速运行，可以完全消除水泵的节流调节能量损失。另外，在设计选用水泵时，水系统阻力缺乏详细计算，为了安全起见，往往将水泵扬程选择过高，导致能量损失。而采用多台水泵变转速运行时，可以将这种能耗节省下来。

③变转速水泵的控制

变转速水泵可采用压差控制和温差控制。从节能观点看，温差控制较合理。空调水量、冷负荷和供、回水温差存在下述关系：

$$G = Q/(\Delta tc) \tag{4-35}$$

式中　G——空调冷水量，kg/s；

　　　Q——空调冷负荷，kW；

　　　Δt——供、回水温差，℃；

　　　c——水的比热，kJ/(kg·℃)。

供、回水温差一般为5℃，水的比热为常数，供水量与空调冷负荷成正比。因此，只要控制供、回水温差等于5℃，则水量便随空调冷负荷变化而变化，此时，空调的供水量是最经济、合理的。

6．一级泵、二级泵系统

(1) 一级泵手动调节水系统

一级泵手动调节水系统，在风机盘管供、回水支管上设置手动调节阀，初调试后，调节阀固定不变，负荷侧和冷源侧均为定流量。当空调负荷发生变化时，系统供、回水温差随着变化，水泵一般不调节流量。因此，当空调负荷变化时，水泵不节能。当空气处理设备不使用时，供水照样流过，房间温度依靠改变空气处理设备风量进行调节，浪费了部分能量，这种系统投资省，系统简单，在小型空调系统应用较多，如图4-35所示。

(2) 一级泵、电动两通阀调节水系统

一级泵、电动两通阀调节水系统，如图4-36所示。在风机盘管供水或回水支管上设置电动两通调节阀，房间内设置温度控制器。根据房间设定温度控制电动两通阀的开启或关闭，进行间断供水。同时，电动两通阀与风机盘管的风机连锁，当风机盘管停止使用时，电动两通阀关闭停止供水。如果系统中部分风机盘管停止使用，则系统阻力增大，流量减少，水泵的扬程增高。为了保持水系统压力稳定，在水泵出口端和冷水机组的入口端的供、回水总管上设置压差旁通管,通过压差旁通阀6调节 a、b 两点的压差。当 a、b 两点的水压差超过设定值时,供水量从 $a-b$ 循环管部分回流至冷水机组,从而保持冷水机组定水量运行,同时,也保证了负荷侧水压稳定。通过 $a-b$ 循环管的循环水量增大,说明系统供水量减少,空调负荷也减少,冷水机组的回水温度降低,并以此来调节冷水机的负荷及运行台数。此系统虽然改善了负荷侧的运行状况,对水泵而言并不节能,而且电动两通阀的价格一般比较贵。旁通管的管径可按一台冷水机组的流量进行设计。

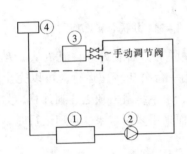
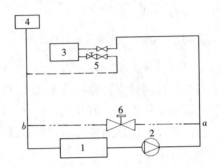

图 4-35　一级泵手动调节示意图
1—冷水机组;2—水泵;3—风机
盘管;4—膨胀水箱

图 4-36　一级泵电动阀调节示意图
1—冷水机组;2—水泵;3—风机盘管;4—膨胀
水箱;5—电动两通阀;6—压差旁通阀

(3) 一级泵、电动三通阀调节水系统

一级泵、电动三通阀调节水系统,如图 4-37 所示。在风机盘管的供、回水支管间设置旁通管,利用电动三通阀调节进入风机旁通管的水量,风机盘管为变水量运行,这对风机盘管的运行调节十分有利,可达到节能运行的目的。冷源侧和水系统是定水量运行。对水泵运行而言,达不到节能目的。这种水系统简单,空气处理设备运行比两通阀合理,可以节约能量。

(4) 一级泵、水泵变流量水系统

在一级泵、水泵变流量水系统中,水泵通过变频或其它方法改变转速而变流量运行,风机盘管设有电动温控阀(两通阀)。一方面,根据房间温度控制电动两通阀的开、闭来间断调节风机盘管的供水量。同时,冷水机组根据系统回水温度调节制冷量,而水泵随着冷负荷的变化而改变流量。负荷侧和冷源侧的水流量均随空调负荷改变,冷水机组对水流量的变化一般有一定的要求。实际工程中,冷水机组进口或出口水管上设有水流阀。当水流量低于设定流量时,水流阀不能开启,冷水机组不能启动。据资料介绍,如果通过冷水机组的流量过低,可能导致冷水温度局部过低,存在冻结的危险。因此,为了设备安全运行,冷水机组的水流量,一般不应低于生产厂家规定的最低额定流量。尽管水泵变流量的范围受到了一定限制,但其节能效果是非常明显的。譬如流量为额定流量的 60% 时,水泵耗电量仅为 20% 左右。

(5) 二级泵系统

二级泵系统主要是在负荷侧和冷源侧分别设置水泵,并在负荷侧和冷源侧之间的供、回水总管上设有旁通管,冷源侧与冷水机组相对应的泵称为"一级泵",负荷侧水泵称为"二级泵",风机盘管处设电动两通温控阀,如图 4-38 所示。

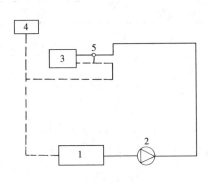 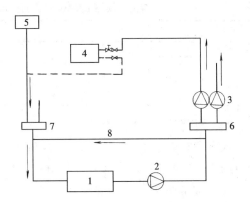

图 4-37 一级泵三通调节阀
调节示意图
1—冷水机组；2—水泵；3—风机盘管；
4—膨胀水箱；5—电动三通阀

图 4-38 二级泵系统示意图
1—冷水机组；2——级水泵；3—二级水泵；
4—风机盘管；5—膨胀水箱；6—分水器；
7—集水器；8—旁通管

冷水机组、一级泵和旁通管构成一次环路。一级泵为定流量，保证冷水机定水量运行，一级泵的扬程只用于克服一次环路的总阻力。因此，一级泵并不节能，二级泵可根据各个环路的阻力选择水泵型号，也可以选用不同形式的供水方式。二级泵克服了一级泵系统按阻力最大环路选择水泵扬程的弊端，同时也保证了冷水机组定流量运行，二级泵的供水有多种形式。

1）多台水泵并联供水

二级泵可选择许多台不同小型号泵并联，系统负荷变化时，通过改变水泵运行台数调节流量。

2）按不同环路流量和阻力分别选择水泵

根据不同环路的流量和阻力分别单独选择水泵，克服了按最大环路阻力选择水泵的缺点，水泵的设计电功率和运行能耗均可降低。

3）水泵变速、变流量供水

水泵调速方法分分级调速和无级调速两类，工程中一般采用无级调速方法为多。二级泵变流量不会影响到冷水机组的运行，但是流量变化太大，将可能影响到空调水系统的运行，对于一些空调负荷稳定的房间（建筑传热负荷所占比例很小），或水力平衡较差的系统，有可能会造成部分房间供冷量不够。

7. 空调水系统膨胀水箱容积及系统补水

闭式循环水系统应设膨胀水箱，以容纳系统内水温变化引起的体积增量 ΔV。膨胀水箱的容积宜取 $1.5\Delta V$。

空调水系统补水点一般设置在膨胀水箱或专设补水泵。采用补水泵补水时，补水点宜设在循环水泵的吸入口处，补水量按系统水容量的 1% 左右计算。空调水系统的水容量可按表 4-19 估算。

当给水硬度较高时，空调热水或冷热两用系统宜进行水质软化处理，空调热水供水的设计温度一般为 60℃。具有结垢的可能性，尤其是热水锅炉或热交换器的换热表面处，温度更高。

空调水系统的单位建筑面积水容量估算表（L/m² 建筑面积） 表 4-19

空调方式		全空气系统	水－空气系统
供冷时		0.4~0.55	0.7~1.3
供暖时	热水锅炉	1.25~2.0	1.2~1.9
	热交换器	0.4~0.55	0.7~1.3

四、空调冷却水系统设计

水冷式空调冷水机组的冷凝器散热，依靠冷却水进行冷却，由于冷却水量非常大，考虑节约能量和水资源，降低运行费用，一般冷却水是经过冷却塔冷却后循环使用。

1. 冷却水循环系统

冷凝器冷却水的出水温度一般可达 37℃ 以上。通过冷却塔将高温水冷却到冷水机组冷凝器冷却所要求的进水温度，经过冷却水泵送至冷水机组循环使用。由于冷却水系统为敞开式系统，冷却水容易被外界脏物污染。另外，冷却水以蒸发冷却为主，水分蒸发量很大，水中盐类物质不断浓缩而恶化水质。因此，冷却水系统中，要求设置水过滤和水质处理装置（图 4-39）。

2. 冷却塔的选择

(1) 原理与分类

冷却塔冷却水的原理主要是空气与水直接充分接触进行热、湿交换的过程。被冷却水通过布水装置均匀的洒向填料层，风扇从下部进风窗吸入空气，经填料层向上排风。在填料层内，空气和水逆向流动并进行热、湿交换，水经过冷却后，流入集水盘，从排水口排出（图 4-40）。

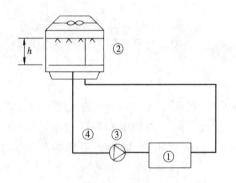

图 4-39 冷却塔系统图
1—冷水机组；2—冷却塔；
3—冷却水泵；4—过滤器

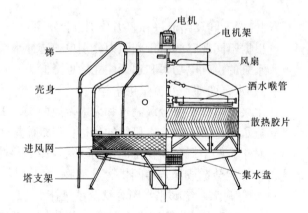

图 4-40 冷却塔构造图

冷却塔的类型很多，目前冷却塔产品大至可分为以下几种：
1) 按外形可分为圆形塔和方形塔；
2) 按空气流动方向可分为逆流塔和横流塔；
3) 按冷却水进、出水温差可分为标准型、中温型和高温型（工业用）；
4) 按噪声等级可分为普通型、低噪声型和超低噪声型。
5) 按集水盘深度可分为标准型和深水盘型。

(2) 冷却水量

冷却水量取决于冷水机组冷凝器的散热量和冷却水供、回水温差。按热平衡公式计算如下：

$$W = \frac{3.6Q}{\Delta tc} \quad (4-36)$$

式中　Q——冷凝器散热量，kW；

　　　W——冷却水量，m^3/h；

　　　Δt——冷却水供、回水温差，℃；

　　　c——水的比热，kJ/(kg·℃)。

冷凝器单位产冷量的散热量，对不同机型不一样，其大致关系如下：

对蒸汽压缩式制冷：

$$Q = (1.2 \sim 1.3) Q_0 \quad (4-37)$$

对双效溴化锂制冷：

$$Q = (1.75 \sim 1.85) Q_0 \quad (4-38)$$

式中　Q_0——冷水机组制冷量，kW。

冷却水的供、回水温差，对于不同机型、不同生产厂家产品也不完全一样，对蒸汽压缩式制冷机供、回水温差一般为5℃。双效溴化锂制冷机，供、回水温差，有的产品为5.5℃，也有的为5.6℃等。因此，冷却水量应查阅冷水机组生产厂家提供的产品技术资料。

(3) 冷却塔的选择

根据冷却水量和冷却水供、回水温度及温差便可以选择冷却塔。但是，冷却塔的工作原理主要是依靠水分蒸发吸收热量来实现水冷却的目的。因此，空气干球温度对它的影响很小，往往在空气温度高于水温时，水也可以达到较好的冷却效果。可见，冷却水的冷却效果主要取决于空气湿球温度，因此，冷却塔产品的技术资料都是在既定的空气湿球温度下的数据，如果设计条件与产品技术要求不符，则需要对产品的技术数据进行修正。另外，冷却塔的性能与冷却水的进、出口温度关系很大。从热平衡观点看，对既定的冷却塔，温差越大，处理水量越小。譬如，一台双效溴化锂冷水机组，$Q = 1000$kW，冷却水量300t/h，供水温度32℃，进水温度37.5℃。

选择温差5℃标准型冷却塔，当进水温度37.5℃时，300t/h 冷却塔的能力只280t/h，通过温差修正，应选择350t/h型冷却塔。

冷却塔选择的修正计算，可采用生产厂家提供的方法进行，也可提供基础资料给生产厂家，由生产厂家负责计算选型。另外，选择冷却塔时，还应考虑以下因素：

1) 周围环境对噪声的要求，如果要求噪声严格时，可选用超低噪声冷却塔，冷却塔夜间也需要运行时，也可选择变转速风机冷却塔，在夜间风机低转速运行。

2) 对美观要求较高时，宜选用方形塔，方形塔可组合使用，调节方便，有利节能运行，但投资较高，颜色应与主体建筑协调。

3) 保证良好的通风条件，合理组织冷却塔的气流。

4) 防止飘水对周围环境影响。

5) 考虑有无防火要求。

3. 冷却水泵的选择

根据冷却水量和系统阻力选择冷却水泵。

冷却水量按下式计算：
$$W' = \psi W \tag{4-39}$$

式中　W——冷水机组所要求的冷却水量，t/h；

ψ——安全系数，$\psi = 1.05 \sim 1.15$。

冷却水系统的阻力按下式计算：
$$\Delta H = h_1 + h_2 + h_3 + h \tag{4-40}$$

式中　ΔH——冷却水系统的阻力，m；

h_1——冷水机组冷凝器的阻力，m；

h_2——管网及构件阻力之和，m；

h_3——冷却塔布水装置要求的水压，m；

h——冷却塔水盘水面至布水装置的垂直高度，m。

冷却水泵的扬程：
$$H = (1.05 \sim 1.15) \Delta H \tag{4-41}$$

选择水泵时，应考虑其工作点处于高效率下运行，尽可能降低设计装机功率和运行能耗。

4. 冷却水系统的补水量

冷却水的水量损失一般包括有：(1) 蒸发损失；(2) 飘水损失；(3) 排污损失；(4) 泄漏损失等。

(1) 冷却水的蒸发损失 W_1

水与空气之间的传热主要是依靠蒸发冷却形式传质、传热，冷却水的蒸发量可以按下式进行计算：

$$W_1 = \frac{4.19 W \Delta t}{r} \times 1000 \quad (\text{kg/h}) \tag{4-42}$$

式中　W——冷却水循环量，m³/h；

Δt——冷却塔进、出水温差，℃；

r——水的汽化潜热，kJ/kg。

(2) 系统排污损失 W_2

如上所述，冷却水主要依靠蒸发吸热方式冷却。随着水分的不断蒸发，留在水中的可溶盐、杂质等的浓度会不断增加，使冷却水水质不断恶化。为了改善冷却水水质，通常是将高含盐浓度的水进行排污，另补充新水将系统内的水进行稀释，一般排污损失约占循环水量的 0.3% ~ 0.5%。

(3) 飘水损失 W_3

飘水损失系指冷却塔中的水雾随通风冷却空气带走的水损失，它与冷却塔的结构、布水方式、塔内空气流速等许多因素有关。飘水量一般由设备生产厂家提供，随着产品质量的不断提高，冷却塔的飘水量也不断减少。目前，许多厂家承诺，冷却塔飘水量不超过 0.1%。

(4) 泄漏损失 W_4

泄漏损失系指系统因漏水而造成的水量损失，譬如水泵轴封、阀门手柄等处的漏水，这是一个不确定因素，与维护管理因素有关，一般数量很小，可以忽略不计。

综上所述分析，蒸发水量是随空调负荷变化而变化的，排污损失可以由人为控制，可以在空调负荷低或停止工作时进行排污，因此，可以不影响到补水。可见，冷却塔的补水量与管理工作关系密切，一般认为，补水量为冷却水循环量的1%~1.5%即可。

5. 冷却水水质

冷却塔为敞开式，容易被大气中的脏物污染，同时，又给微生物的繁殖和生存提供了良好的条件。由于冷却水蒸发量大，而冷却水系统水容量小，水中盐类物质浓度增加也比较快。表4-20是冷却水水质参考性指标。

冷却水水质参考指标　　表4-20

内　容	单　位	最大容许含量	备　注
浑浊度	mg/L	≤100	
碳酸盐硬度	度	8~30	
硫酸钙	mg/L	1400~2000	
铁	mg/L	0.3	
pH		6~8	

目前，冷却水水质处理方法有：软化法、电子或磁水处理法、加药法等。

（1）软化法

水质软化法一般是采用离子交换方法，除去水中的Ca^{++}、Mg^{++}离子，使水成为软水，防止了在换热面上结水垢。大家知道，冷却水的污染是多方面的，软水只能解决水的结垢问题。由于冷却水量比较大，每次只能对部分水进行软化，可将软水装置设计为旁流式。水质软化法一般投资比较大，运行费比较高。

（2）电子水处理法

近年来，电子水处理设备不断开发，在工程上的应用也逐渐增多，其作用原理是利用电场的作用，使分子的物理结构发生变化，水分子与接触界面的电位差减少，水中溶解盐类的离子及带电粒子间的静电力减弱，不能相互集聚，从而达到防止水结垢的目的。有些产品还指出了可以杀菌、灭藻、除垢、防垢、防腐、除色等多项功能。设计中应分清情况，分析比较后选用。该方法简单，运行费用低。

（3）加药法

加药法是指向冷却水系统中投加缓蚀剂、阻垢剂，防止结垢。通常投加的药剂有磷酸钠、硫酸锌等，是目前运行中应用比较广泛的方法。加药法防垢、缓蚀方法效果好，运行简单，可靠，可以同时投加几种药剂，达到多种保护水质的效果。但是，运行成本比较高。

6. 冷却水系统的节能

冷却水泵是空调系统中的主要耗能设备，它耗电功率大，运行时间长，所以，其能耗量十分可观。空调负荷是不断变化的，冷水机组经常是处于部分负荷情况下工作，因此，冷凝器对冷却水的需求量也是可以变化的。水泵的电功率与流量的三次方成正比。譬如，流量减少一半，水泵功率可以减少87.5%。可见，通过改变水泵转速变流量，可以大幅度减少水泵耗电功率，是冷却水泵运行节能的重要途径。

（1）冷却水系统管网特性

图4-41是冷却水系统的示意图，其管网特性如下：

$$H = SQ^2 + h \tag{4-43}$$

式中　　H——系统阻力；

　　　　S——管网特性系数；

　　　　Q——流量；

h——冷却塔集水盘水面至布水点的垂直高度。

其中 h 为一定值，它不随流量的变化而改变，这是冷却水系统变流量运行管网系统的一个特点，管网特性曲线见图 4-42。

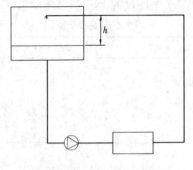

图 4-41　冷却水系统示意图　　　　图 4-42　冷却水系统管网特性图

可以看出，如果对冷却水泵采用变频方法调节流量，当水泵转速降低时，对流量的变化影响比较大，为了保证冷却水系统的正常运行，水泵的转速不能太低，根据分析，一般不要低于原转速的 60%。

(2) 冷却水变流量对制冷循环的影响

对于蒸汽压缩式制冷机，制冷循环接近逆卡诺循环，冷凝温度影响到制冷量和制冷效率。因此，冷却水温度对制冷循环将产生影响。

制冷机负荷减少时，冷却水量相应减少，但冷却水的平均温度不变，制冷循环的参数未改变。为此，水泵可以减少电功率，而对制冷机，制冷所消耗的电能，在同等条件下，原则上没有变化。

相反，如果制冷负荷减少，冷却水量定流量运行，这意味着冷却水的平均温度降低了，制冷循环的冷凝温度可相应降低，从而提高了制冷量和能效比。据资料介绍，冷凝温度每降低 1℃，能耗可降低 3% 左右。可以看出，当制冷机负荷减小时，冷却水量不改变，虽然水泵不能节能，但制冷机组可以降低能耗。

(3) 冷却水变流量运行对设备的影响

1) 对冷水机组的影响

当冷却水量减少时，水通过冷凝管束的流速降低，一方面降低了热交换面的传热系数，减少了换热量，另外，增加了换热管表面结垢和悬浮物沉降的可能性。一般在冷水机组冷却水入口处设有流量开关，以防止缺水和少水，保证冷水机组正常、安全工作。

2) 对冷却塔的影响

冷却塔是一种定型产品，性能是按额定流量设计的，如果流量减少，会影响到布水装置工作。冷却塔内如果布水不均匀，会使塔内断面上冷却风量分配不均匀，将影响冷却塔的热、湿交换效果。因此，一般生产厂家要求，冷却水流量不应超过额定流量的 ±20% 范围。

从冷却水系统的运行现状来看，节约能耗是一个十分突出的问题，其中有设计问题，也有运行问题，冷却水系统的节能是一个综合性的问题，除了要研究一些技术性问题外，同时还要考虑运行的稳定性和可操作性。

五、新风系统设计

为了节约能量,空调系统设计中大量采用了循环空气,如果空调房间没有新鲜空气或新鲜空气量太少,室内空气品质会下降,人们会感觉到不舒适。新风系统设计就是将室外空气,经过滤、冷却或加热后,按照所规定的新风量标准送入空调房间。新风系统是目前改善房间空气品质的主要措施之一。

夏季室外空气焓值比较高,新风的处理需要消耗比较多的能量,一般新风负荷约占建筑空调负荷的20%~30%。因此,新风量的选取既要考虑到人们的舒适要求,同时也要考虑到节约能源。所以,新风量标准中出现了不同的规定。

有关旅馆、旅游行业规定的新风量的标准如表4-21和表4-22所示。

旅馆新风标准 表4-21

房间类型	新风量 [m³/(h·p)]	备注	房间类型	新风量 [m³/(h·p)]	备注
客房:一级	≥50	GB 50189—93	门厅、四季厅:一级	≥20	GB 50189—93
二级	≥40		二级	≥10	
三级	≥30		写字间:一级	≥20	
餐厅、宴会厅、多功能厅:一级	≥30	GB 50189—93	二级	≥20	
二级	≥25		三级	≥10	
三级	≥20		四级	≥10	
四级	≥15		康乐设施	≥30	GB 50189—93
KTV厅、歌厅、舞厅	30	GB 9664—88	美容美发	≥30	

办公主楼新风标准 表4-22

序号	房间类型	新风量 [m³/(h·p)] 推荐	新风量 [m³/(h·p)] 最小	备注
1	办公室:一般	25.2	18	少许吸烟
	个人	43.2	25.2	不吸烟
	个人	50.4	43.2	颇重吸烟
2	会议室	86.4	50.4	极重吸烟
3	董事室	86.4	50.4	极重吸烟
4	美容室	18	14.4	偶然吸烟
5	饭店房间	50.4	43.2	重吸烟
6	百货公司	14.4	10.8	不吸烟
7	餐厅:自助式	21.6	18	颇重吸烟
	餐室	25.2	21.6	不得吸烟
8	银行	18	14.4	偶然吸烟

1. 新风系统形式

空调新风系统形式可概括为三种:

(1)集中式新风系统。室外空气经过新风机组过滤、冷却去湿或加热处理后,用风管分别送至空调房间(图4-43);

(2)新风通过空调器(空气处理设备)负压段吸入,与空调回风混合后,经空气处理设备处理后,送入空调房间(图4-44);

图4-43 集中式新风系统

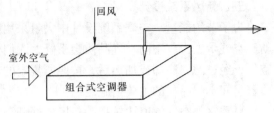
图4-44 空调器负压段吸入式新风系统

(3) 就地换气,利用换气扇对房间进行送风或排风。

这里主要讨论集中式新风系统的设计方法。工程设计中经常采用的新风系统形式有以下几种:

①分层设置水平式新风系统

新风系统按楼层分别设置。新风通过从外墙上开洞从室外吸取,也可以设一总新风竖风道,各层新风机组从竖风道取风。前一种取新风方式,每个楼层的外墙上都要开新风口,对建筑物立面美观有一定影响,但系统简单,使用灵活方便。后者集中取新风,不需从建筑侧墙上开洞。对于高层建筑,总新风竖风道要跨越防火分区,每层新风机组的吸入口风管上应设防火阀。

②垂直式新风系统

垂直式新风系统是室外空气经过新风机组处理后,通过竖风道送至空调房间,一般新风机组可以设置在屋顶,对于建筑层高较低,水平敷设新风管有困难的情况下比较适用。对于高层建筑,竖风道要跨越防火分区,送风口要求设置70℃熔断的防火阀。

③区域性新风系统

区域性新风系统是将建筑划分为若干个区,每个区设计一个新风系统。区域性新风系统一般比较大,通常采用组合式空调器作新风机,新风处理质量比较好,管理、维修方便,有利于热回收设计。但由于系统比较大,灵活性相对要差些,而且新风口数量较多,风量调节比较困难,投资相对比较高。

2. 新风处理状态参数

室外空气送入空调房间之前需要对空气进行冷却、去湿或加热处理。夏季空气处理的状态参数与新风机组和房间空气处理设备的选型有关。新风处理的状态参数,通常有三种选择。

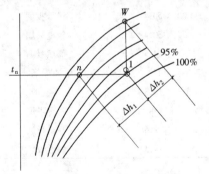
图4-45 新风的处理过程

(1) 新风处理至室内空气参数的等温线上

室外空气经新风机组处理至室内空气温度 t_n,和相对湿度 ϕ 为95%的参数点,空气处理焓差为 Δh_2。一般舱 Δh_2 比较小,对长沙地区,$t_w = 35.8℃$,$t_s = 28℃$,当 $t_n = 26℃$,$\phi_n = 60\%$ 时,$\Delta h_2 = 11.8 kJ/kg$,房间空气处理设备需要担负一部分新风负荷(图4-45)。

(2) 新风处理至室内空气参数的等焓线上

室外空气经新风机组处理至室内空气参数 h_n 和 ϕ 为95%的参数点,空气处理焓差为 Δh_1。对长沙地区,$\Delta h_1 = 31.4 kJ/kg$,新风空气的焓等于室内空气参数的焓,不需要房间空气处理设备担负处理新风负荷，但需要去湿，去湿量为 Δd_x（图 4-46）。

（3）新风处理至 O 点

O 点新风参数与回风混合后，进入房间空气处理设备的空气含湿量等于空调送风参数的含湿量，即 $d_H = d_s$（d_H 为新、回风混合的空气含湿量，新风不仅负担房间部分冷负荷，而且可以负担房间的部分湿负荷），见图 4-47，房间空气处理设备不需去湿，即所谓干运行。

长沙地区空调设计参数分别处理至上述三种状态的空气焓差列于表 4-23。

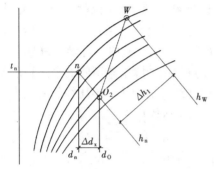

图 4-46 新风处理过程图

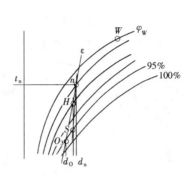

图 4-47 新风处理过程图

长沙地区空调设计参数（新风处理） 表 4-23

状态点 \ 参数	干球温度（℃）	湿球温度（℃）	焓（kJ/kg）	含湿量（g/kg）
W	35.8	28	89.5	21
n	26	20.3	58.1	12.6
O_1	26	25.6	77.7	20.2
O_2	21	20.3	58.1	14.8
O_3	14.8	14.3	40.1	10

新风处理方法 3 的房间负荷热、湿比为 30000。

新风处理参数方法 1：$W - O_1$

$$\Delta h_1 = 11.8 \text{kJ/kg}, \quad \Delta d_1 = 0.8 \text{g/kg}$$

新风处理参数方法 2：$W - O_2$

$$\Delta h_2 = 31.4 \text{kJ/kg}, \quad \Delta d_2 = 6.2 \text{g/kg}$$

新风处理参数方法 3：$W - O_3$

$$\Delta h_3 = 49.2 \text{kJ/kg}, \quad \Delta d_3 = 11 \text{g/kg}$$

就新风处理机组而言，新风处理参数方法 2 采用四排管新风机即可，方法 3 需要采用六排或八排管机组。新风处理参数方法 3 处理焓差大，新风温度和含湿量都比较低，其目的是要使空气处理设备处于干状态下运行，无凝结水产生，卫生条件好。实际上，如风机盘管之类空气处理设备，按现有的控制方法，要达到干状态运行比较困难。风机盘管处理空气的露点并未进行控制，其露点与供水温度、风量等因素的变化有关。目前，对风机盘管主要是通过改变风量或间断性供水来调节供冷量。我们知道，当风机盘管风量减少时，空气处理焓差将增大，即露点温度降低，增加了凝结水量。另外，空调房间一般是间断使用,空调开始使用时,室内空气露点温度比较高,风机盘管产生凝结水是很难避免的。此外,空调风量中,新风量所占比例较少,去湿能力有限,否则要求新风的含湿量非常低,则新风机组处理的焓差大,故无论是投资,还是运行费(能耗)都不一定经济。

新风送入房间的方式通常有两种,一种新风直接送入空调房间,另一种是将新风送至风机盘管回风口与循环空气(回风)混合后,再进入风机盘管。前一种方式在 $h-d$ 图上空气的处理过程见图4-48。室外新风经新风机组处理至室内空气参数等焓线与 $\phi=95\%$ 的交点上,室内空气回风 n 经风机盘管处理至 O' 点。与新风同时送入室内。可以认为两股送风在室内混合至 S 点后再消除空调房间的余热和余湿。S 点视为 $O—O'$ 连线与房间热、湿比线的交点。

设房间的总送风量为 G_1,则:

$$G_1 = G_H + G_x \tag{4-44}$$

式中 G_H——空调回风量,kg/h;

G_x——新风量,kg/h。

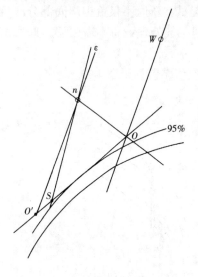

图4-48 新风处理过程

空调房间的冷负荷 Q_1,则:

$$Q_1 = G_H \cdot \Delta h_H + G_x \cdot \Delta h_x \tag{4-45}$$

$$\Delta h_H = (Q_1 - G_x \cdot \Delta h_x) / G_H \tag{4-46}$$

第二种方式在 $h-d$ 图上空气的处理过程见图4-49,室外新风 W 经新风机组处理至室内空气参数等焓线与 $\phi=95\%$ 的交点 O 上,新风与空调回风 n 混合至 H 点,然后进入风机盘管处理至 s 点后,再送入空调房间,s 点为房间热、湿比线与 $\phi=95\%$ 线交点,即空调送风参数点。

房间的总送风量为 G_2,则:

$$G_2 = G_H' + G_x$$

式中 G_H'——空调回风量,kg/h。

空调房间的冷负荷 Q_1:

$$Q_1 = G_2 \cdot \Delta h = (G_H' + G_x) \cdot \Delta h$$

式中 Δh ~ 风机盘管空气处理焓差,kJ/kg。

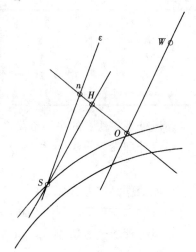

图4-49 新风处理过程图

假设风机盘管的风量为 G。送风方式1:空调房间回风量 G_H 等于风机盘管的风量,即 $G_H = G$,房间的总送风量等于 $G_H + G_x$。送风方式2:房间的总送风量等于风机盘管的风量。可见,送风方式1的送风量大于送风方式2。当房间空调冷负荷和热、湿比一定,即房间空调送、回风参数确定时,送风方式1的供冷能力要大于送风方2,这主要是风机盘管的空气处理焓差一般都比较大的原因。往往实际条件下所要求的处理焓差小于设备处理焓差能力,具体而言,就是风机盘管的换热盘管容量富余,减少风量将影响风机盘管的供冷量,当房间湿负荷增大，热、湿比减小时，情况将会好些。

送风方式1中的新、回风是分别送入空调房间，室内将出现两个送风口，与方式2相比，新风量的调节和使用都将方便些。

新风系统往往所负担的房间比较多。对于高层建筑，因空间比较小，新风管的断面尺寸不允许过大，风管内的风速比较高，这对风量分配的调节造成一定的困难。新风量分配不均一方面影响到部分房间的要求，另一方面会影响到房间空调负荷的稳定性。因此，设计中应适当控制新风干管内的风速，并在房间送风口上设风量调节阀，以确保新风量的分配均匀。

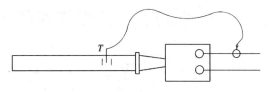

图 4-50　新风控制原理图

为了保证新风处理参数，新风系统应采用自动控制，控制新风的送风参数，实际工程中，通常是采用改变供水量来控制送风温度，如图 4-50 所示原理图。图 4-50 为电动两通阀控制供水量，温度传感器设在新风机组出口的风管内，根据新风温度整定值，通过电动两通阀调节供水量。

六、排风系统

排风系统可分为全面排风和局部排风两大类。在民用建筑工程设计中，主要是采用全面式排风，排风系统的主作用如下：

1. 排除室内散发的有害物及污秽气体。如会议室、办公室人们吸烟烟雾和呼出的 CO_2 气体等。

2. 平衡空气。空调房间一般由新风系统送入新风，有些建筑送入的新风可通过门窗开启和缝隙自然排出进行换气。如一般的办公室、商店等，自然排风方法简单，投资省，但对于许多房间，如卡拉OK厅、桑拿休息室、餐厅、会议室等使用时门窗一般是关闭的，如不设置排风装置，新风的送入将受到影响。

3. 组织气流，维持房间的压力。有的建筑送入新风比较多，如餐厅、歌舞厅，如不设排风装置，室内会出现较大的正压，室内气味有可能串入相邻其他房间，影响这些房间的正常使用。

4. 卫生间排风。许多卫生间无外窗，不能利用自然排风，如宾馆客房的卫生间，一般都要求设置排风装置，排除卫生间洗浴产生的蒸汽和异味气体。

5. 地下室房间的排风。地下室的房间（如配电房、主机房、锅炉房、地下汽车库等）不能利用自然排风，一般需要设置排风装置。

6. 变、配电室排风。主要排除室内余热，保持室内环境温度。

第五章 采暖与通风除尘系统设计方法

第一节 采暖系统设计方法

冬季，寒冷地区室外气温比较低，为了满足人们工作和生活条件的要求，室内应设置采暖设施，以保持室内所要求的温度。采暖期间，室内空气温度高于室外气温，室内向室外传热。为了维持室内稳定的温度，需要连续地向室内供热，补偿其热量损失，以保持其热平衡，这就是采暖设计的基本原理。

采暖方法有散热器采暖、辐射采暖和热风采暖等主要形式。根据所采用的热媒种类可分为蒸汽和热水两种，在有的情况下，也有采用电能等其他形式能源采暖的。

一、散热器采暖系统

1. 采暖热负荷计算

采暖期间，当室外空气温度为采暖设计计算温度时，为了保持室内所规定的温度所需要的供热量，称为采暖热负荷。

在计算采暖热负荷时，要考虑到房间的得热量和失热量的平衡，采暖房间主要热损失有以下内容：

1) 通过建筑围护结构的传热量；
2) 通过建筑围护结构的门、窗缝隙渗透进入房间的冷风的吸热量；
3) 门开启时，侵入房间的冷风的吸热量。

另外房间也可以通过不同形式获得热量，如：工厂厂房电动设备的散热量，照明散热量等。在采暖热负荷热平衡计算中，对于不稳定的得热量一般不予考虑，以保证采暖效果的可靠性。

(1) 基本传热量

建筑围护结构的基本传热量，按稳定传热方法进行计算。建筑围护结构包括有：墙、门、窗、屋面和地面等。计算公式如下：

$$Q_J = KF(t_n - t_w)a \tag{5-1}$$

式中 Q_J——建筑围护结构的基本传热量，W；

F——围护结构的计算面积，m^2；

K——围护结构的传热系数，$W/(m^2 \cdot ℃)$；

t_n——室内空气计算温度，℃；

t_w——室外采暖设计计算温度，℃；

a——室内、外温差修正系数。

(2) 附加耗热量

采暖房间的热损失，除了建筑围护结构的基本传热量外，还受到许多其他因素的影响，由这些因素所引起的耗热量，称为附加耗热量。

1) 朝向附加

围护结构的朝向不同，传热量不同，它考虑到不同朝向太阳辐射热等因素的影响。因此，在计算建筑热负荷时，应对不同朝向建筑的围护结构的传热量进行修正，即在围护结构的基本传热量的基础上乘以朝向修正率，即为朝向的附加耗热量。

2) 风力附加

对于高地、河边、海岸等不避风的空旷地带，考虑到风力对围护结构表面散热的影响，在基本传热量的基础上附加5%~10%的耗热量，作为风力附加耗热量。

3) 房高附加

对于房间层高较高的房间，室内空气温度将形成温度梯度，即上部气温高，下部气温低的现象。当房间高度大于4m时，每增1m时，包括各项附加耗热量在内的房间耗热量增加2%，但总的附加值不超过15%。

4) 两面外墙附加

对于公用建筑，当房间有两面外墙及两面以上外墙时，分别将外墙、门及窗的基本耗热量增加5%。

5) 间歇采暖附加

用以上计算方法计算出的采暖热负荷是针对连续供热条件下进行的，房间温度全日保持规定的温度。但对间歇供热的建筑，如办公楼，在间歇开始供热时，为了尽快达到房间正常使用温度，以及间歇供热的不均匀性，将基本耗热量进行附加。对于只在白天供热的建筑，间歇供热的附加率为20%。

(3) 渗透空气热负荷

在风力等因素的作用下，室外冷空气会通过门、窗缝隙渗入室内，渗入室内的冷空气量与室外风速及建筑门、窗的材料、构造有关，其数量可在有关设计手册上查得。

2．热媒的种类和选择

采暖系统常用的热媒有蒸汽和热水两大类。蒸汽有高压蒸汽和低压蒸汽之分。对于采暖系统而言，蒸汽压力低于70kPa者，称为低压蒸汽，高压蒸汽采暖系统的蒸汽压力通常选用0.2~0.4MPa。热水采暖又分为两类：一种是95/70℃，另一类是高温水，一般供水温度为110~130℃。

热媒的选择，应考虑到采暖安全、卫生条件、投资和运行经济及当地和工程的采暖条件等因素。

95/70℃的热水采暖系统中，散热器表面温度比较低，不易烫伤人，对人比较安全。同时，在散热器表面上沉积的有机灰尘，不会因为表面温度高而散发异味。热水的热容量大，房间空气温度比较稳定，舒适感好。供、回水为闭式机械循环，回水热量损失小，一般广泛应用于民用建筑和公共性建筑。高温水采暖热媒温度比较高，可以节省散热器的数量，房间热稳定性比较好。

蒸汽采暖系统中，蒸汽热媒温度比较高。因此，散热器表面的温度也高，散热器的数量可减少，供热速度快，不需要消耗水泵动力。由于散热器表面温度高，室内卫生条件差些。为了安全散热器有时要作安全防护。对于工业建筑，空间比较大、热负荷比较大，采用高压蒸汽，散热器占地面积少，便于布置，另外，也适合于间歇供热的建筑，但对于那些产生易燃烧、易爆炸粉尘的工业建筑不宜采用。低压蒸汽采暖、热媒温度比较低(约100℃)，但系统简单，投资和运行费都比较节省。蒸汽采暖系统的回水一般热损失比较大，热效率比较低。

3．采暖系统形式及特点

采暖系统的形式很多，可归纳为以下基本形式：

（1）热水采暖系统

热水采暖系统由热水锅炉、循环水泵、散热器、膨胀水箱、管道、阀门及其他附件组成。

1）双管热水采暖系统

图 5-1 为机械循环上供下回双管热水采暖系统示意图。供水管设在上部，回水管设在下部，各组散热器为并联，散热器的散热量容易调节。由于各层散热器的标高不同，即冷却中心不同，在竖直方向存在有垂直热力失调现象，即上部散热器环路产生有附加热压。膨胀水箱具有防止水加热膨胀和定压作用，系统的顶部设有排空气装置，用于排除集积在系统内的空气。

同理双管系统可以设计成下供上回形式和下供下回等形式。

图 5-2 为双管下供下回系统示意图，与上供下回系统相同，只是供水干管的位置不同。为了排放空气，要求在散热器上部设排空气装置。

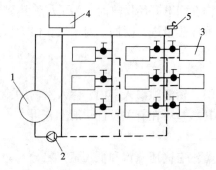

图 5-1 双管上供、下回采暖系统
1—热水锅炉；2—循环水泵；3—散热器；4—膨胀水箱；5—排气阀

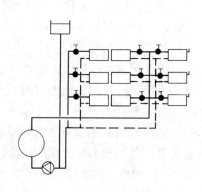

图 5-2 双管下供下回系统形式

2）单管热水采暖系统

图 5-3 为单管热水采暖系统示意图。右边立管所示为单管串联系统，左边立管为带旁通管的跨越式单管采暖系统，跨越管上设有调节阀门，可对散热器的供水量进行调节。对于高层建筑也可以只在上部数层设跨越管，下部采用串联形式。单管系统不存在有垂直热力失调问题，但由于设计数据及散热器选型不准确，也可以造成同一根立管上、下房间温度很大的差异。单管串联系统也可以设计成下供上回等其他形式。

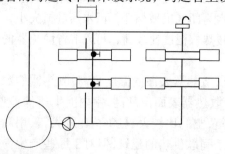

图 5-3 单管上供、下回系统形式

3）单、双管热水采暖系统

图 5-4 为单、双管热水采暖系统示意图。

这是一种混合连接方式，每隔 2～3 层为一种连接形式，此种系统可以避免垂直方向的热力失调，也避免了房间层数多时，立管水流量大使散热器支管的管径过大，比较适用于高层建筑的采暖系统。

4）水平式热水采暖系统

水平式热水采暖系统可分为单管系统和双管系统，图 5-5 中图 a 为单管串联系统、图 b 为带跨越管的单管系统、图 c 为水平双管采暖系统。

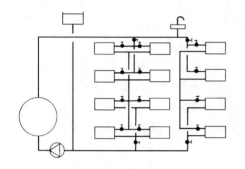

图 5-4 单、双管热水采暖系统形式

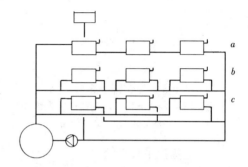

图 5-5 水平热水采暖系统

5）分户式热水采暖系统

分户式采暖系统是在用户要进行热计量的条件下提出来的，系统是以用户为单位设计采暖系统，每一个引入口，在入口总管上设置计量仪表、锁闭阀以及温度控制阀等装置。主立管为双管，以保证各户供水的温度参数方便调节。如图 5-6 所示。

由于我国长期以来实行福利采暖，采暖费用绝大多数由用户单位负担。随着市场经济的发展和完善，逐步使采暖成为一种商品，本着多用热多交费的原则，这样既有利于企业的发展，又有利于节约能源。因此，采暖设计也应适应热计量和管理工作的需要。根据分户式采暖系统热计量的原则，可以设计出各式各样的系统形式，如：主立管采用双管同程式，户内又为下

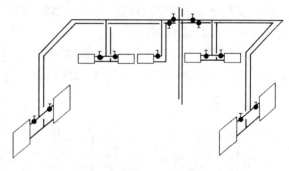

图 5-6 分户式热水采暖系统

供下回或上供下回、上供上回等水平并联系统，也可设计成水平跨越式串联系统。

由于分户式采暖系统，各户内系统阻力比较大，虽然主立管是双管式，仍可减少垂直热力失调的可能性。

（2）低压蒸汽采暖系统

低压蒸汽采暖系统一般多采用双管系统。蒸汽在散热器内放热成为凝结水，经疏水器排到回水管系统，回水管为重力自流式。图 5-7 为双管低压蒸汽采暖系统，同样，还可以设计成下供下回双管式、中供下回双管式。

低压蒸汽采暖系统，水平供汽管尽可能保持汽、水同向流动。为了沿程冷凝水顺畅流动，供汽管应保证一定坡度，凝结水管道为自流系统，也应保持足够坡度。水平管道的坡

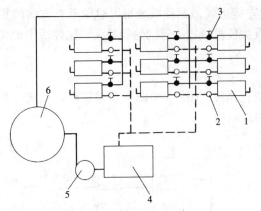

度推荐如下：

蒸汽干管（汽、水同向），$i \geq 0.002 \sim 0.003$

蒸汽干管（汽、水逆向），$i \geq 0.005$

凝结水干管，$i \geq 0.002 \sim 0.003$

散热器支管，$i = 0.01 \sim 0.02$

凡属上行式蒸汽立管，由于沿程有冷凝水，管内是水、汽逆向流动，所以管径需要放大，以避免水击现象。

室内散热器的凝结水支管上应设疏水器，以防止蒸汽漏入凝结水排水系统。水平供汽干管向上抬高的地方，为防止积水，应在可能积水的最低处设置疏水器。

图 5-7 低压蒸汽采暖系统

1—散热器；2—疏水器；3—阀门；4—凝结水箱；
5—凝结水泵；6—低压蒸汽锅炉

4. 高压蒸汽采暖系统

高压蒸汽采暖系统的工作压力高于 70kPa。与低压蒸汽采暖系统比较，供汽压力高，系统作用半径大，凝结水为压力回水，温度高，容易产生二次蒸汽。由于散热器表面温度高，所需散热器面积少，但容易烫伤人和烧焦落在散热器上的有机尘，故卫生和安全条件较差。

常用的高压蒸汽采暖系统形式有双管上供上回系统。单管水平串联系统（图5-9），也可以设计成单管上供上回系统，但凝结水靠疏水器后的背压，工作可靠性不如下回式系统。高压蒸汽采暖系统的回水管是压力系统，因此，可设计成同程式和异程式。同程式系统比异程式系统容易水力平衡。

图 5-8 为高压蒸汽双管上供下回同程式系统。为了便于调节供汽量以及单组散热器的检修，在散热器的进、出口支管上均设阀门。

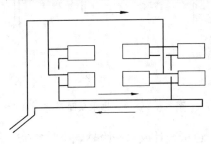

图 5-8 上供、下回双管同程式系统

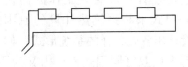

图 5-9 为高压蒸汽单管水平串联系统

5. 散热器采暖系统的方案选择

确定散热器采暖系统的方案时，应该考虑到使用要求、外部热源情况及技术经济等因素，经过全面分析比较后确定。

（1）热媒的选择

热水采暖与蒸汽采暖相比，热水温度较低、使用安全、卫生条件比较好。蒸汽热媒温度比较高，沉积在散热器表面的有机尘土容易挥发而产生异味，烫伤人的可能性也较大。

另外，热水采暖系统中的水温可以进行质调节，系统热稳定性比较好，而蒸汽采暖系统，当热负荷变化时，只能采用间歇采暖调节。另外，热水采暖系统为闭式循环系统，热媒流失少，而蒸汽采暖回水率一般比较低，热损失比较大。因此，一般情况下，民用及公共建筑，如医院、幼儿园、住宅等类似建筑，应选择供水温度95℃以下的热水采暖系统。对于办公室、学校类建筑，可以选择供水温度95℃以下的热水采暖，也可以采用低压蒸汽采暖系统。对于公共建筑如食堂、电影院、商场，可采用低压蒸汽采暖或高温水采暖系统。对于工业建筑，一般可以采用低压或高压蒸汽采暖或高温水采暖，对产生有机易挥发气体的厂房可采用低压蒸汽和热水采暖，但水温不能超过110℃，另外，热媒的选择还要结合室外供热系统的情况考虑。

（2）采暖系统的形式

1）采暖系统的形式，首先应根据建筑设计的特点，考虑到管道布置方便、美观，如水平干管应尽量避免穿越房间的主要空间，对于住宅建筑，一般房间层高比较小，在上供式系统中，经常将水平供水干管布置在屋面，此时应考虑到管道的保温，并协同建筑专业做好建筑屋面防水。

2）根据所选用热媒介质的种类确定系统形式。在热水采暖系统中，为了防止垂直失调一般多选用单管系统，对层数较少的建筑，也可以选用双管系统。多层建筑还可以选用单、双管系统。低压蒸汽采暖系统，一般多采用双管系统。高压蒸汽采暖系统一般采用双管系统，对小型作用范围不大的系统，也可以选用单管串联系统。

6. 采暖系统的主要设备和构件

采暖系统的主要设备有：水泵、散热器、膨胀水箱、排气阀、疏水器、安全阀等，其中水泵为通用设备。还有些与空调水系统基本相同，这里不再作介绍。

（1）散热器的分类及选用

散热器为采暖系统房间供热用。按照材质又可分为：铸铁散热器、钢制散热器和铝制散热器等，种类繁多。

铸铁散热器耐腐蚀性强，价格便宜，但承压力差，传热系数比较低，外观欠美观，只能用于热水采暖系统。钢制散热器，承压能力大、制作外形也比较美、传热系数略高于铸铁，但钢制散热器耐腐蚀性比差。铝制散热器，比较美观，传热系数较高，耐腐蚀性好，只是价格比较贵，宜用于高级建筑。

选择散热器时应考虑到下列原则：

1）热工性能。散热器的传热系数应高，可节约金属材料，减小体积。

2）外形美观。对于民用建筑，散热器作为室内陈设的一部分，应尽可能满足室内的美观要求。

3）耐腐性。散热器应耐腐蚀，尤其是蒸汽采暖系统，因内表面干、湿交替，很容易腐蚀，故应尽量延长其使用年限。

4）价格应便宜，尽量降低工程造价。

此外，还要求散热器表面光滑，不易积灰尘等。

散热器散热面积按下式进行计算：

$$A = \frac{Q}{K(t_p - t_n)} \alpha_1 \alpha_2 \alpha_3 \tag{5-2}$$

式中 A——散热器的表面积，m^2；
Q——散热器的散热量，一般即为房间的热负荷，W；
t_p——散热器内热媒的平均温度，℃；
t_n——室内采暖计算温度，℃；
K——散热器的传热系数，W/($m^2 \cdot$℃)；
α_1——散热器安装时，组装片数的修正系数，见表5-1；
α_2——散热器进、出水管连接形式修正系数，见表5-2；
α_3——散热器安装形式修正系数，见表5-3。

散热器组装片数修正系数 α_1 表5-1

每组组合片数	<5	6~10	11~20	>20
α_1	0.95	1.0	1.50	1.10

散热器进、出水管连接形式修正系数 α_2 表5-2

连接形式	同侧上进下出	异侧上进下出	异侧下进下出	异侧下进上出	同侧上进上出
四柱813型	1.0	1.004	1.239	1.422	1.420
M—132型	1.0	1.009	1.251	1.356	1.306
方翼形（大60）	1.0	1.009	1.225	1.331	1.369

散热器安装形式修正系数 α_3 表5-3

安 装 形 式	α_3
装在墙上的凹槽内（半暗装），散热器上部离墙100mm	1.06
明装，上部有窗台板遮挡，散热器距台板150mm	1.02
装在罩内，上部敞开，下部距地面150mm	0.95
装在罩内，上部和下部都开口，开口高度为150mm	1.04

散热器内热媒平均温度按下面公式计算：
热水采暖系统

$$t_p = (t_j + t_c)/2 \tag{5-3}$$

式中 t_j、t_c——散热器进、出水温度，℃。

（2）散热器采暖的设计步骤
1) 确定采暖热媒种类
2) 计算建筑的热负荷
3) 根据建筑特点，选择采暖系统方式
4) 计算散热器的面积
①计算散热器内的热媒温度；
②选择散热器的种类和型号规格；
③计算散热器面积。
5) 布置散热器的位置

6）系统水力计算

①绘制系统图；

②确定管道直径；

③水力平衡计算；

④选择水泵及附件。

7）绘制施工图

8）编制施工图预算

二、辐射采暖

1. 辐射采暖的分类及优、缺点

辐射采暖，是一种利用建筑物内部表面进行采暖的系统。辐射采暖系统总传热量中，辐射传热的比例一般占50%以上。所以，习惯上把这种采暖形式称为辐射采暖。

（1）辐射采暖系统的分类

辐射采暖系统可根据不同的方式进行分类：

1）按辐射采暖的表面温度可分为：低温辐射、中温辐射和高温辐射。低温辐射板面温度低于80℃，中温辐射板面温度一般为80~200℃，高温辐射板面温度500℃。

2）按辐射板设置的位置，可分为顶面式、墙面式和地板式；

3）按热媒种类可分为低温热水、高温热水、蒸汽、电热及燃气式等。

（2）辐射采暖系统的优、缺点

辐射采暖系统是一种卫生和舒适条件都比较好的采暖方式。它的优、缺点可归纳如下：

1）通过辐射和对流的双重途径作用于人体，符合人体散热要求的热状态。室内围护结构内表面温度比较高，减少了冷表面对人体的冷辐射。因此，具有较好的舒适感。

2）室内不需要布置散热器，不影响室内美观，不占用有效面积。

3）室内温度梯度小，垂直方向温度分布均匀、节约能量。

4）同样舒适条件下，辐射采暖与对流采暖系统比较，房间空气温度低，因此，可节省能量。

5）辐射采暖在有的情况下，与土建专业关系比较密切，且投资比对流采暖高。

2. 辐射采暖热负荷计算

对流采暖系统，室内的热感觉，主要取决于室内空气温度，同时，也伴随有对流热传递。衡量辐射采暖的标准，不能单纯以辐射强度，或室内空气温度，而应以等感温度（如作用温度）作为辐射采暖的标准，其主要反映出辐射采暖环境中，辐射热和对流热对人体综合作用的实际感觉。等感温更可以作用温度来测量，也可用经验公式计算：

$$t_d = 0.52 t_n + 0.48 t_{pj} - 2.2 \tag{5-4}$$

式中　t_d——等感温度，℃；

　　　t_n——室内空气温度，℃；

　　　t_{pj}——围护结构表面平均辐射温度，℃。

辐射采暖时，室内空气温度和辐射强度对人体的综合作用，二者必须保持一定的比例，只有当二者的比例与人体散热的需要相符合时才会产生较好的舒适感觉。辐射强度越大，等感温度比室内温度会越高，可用下述关系表示：

$$E_{PJ} = 5.72[T_s \times 10^{-3} + 2.47\sqrt{v(t_s - t_n)}] \tag{5-5}$$

式中 E_{PJ}——平均辐射强度，W/m²；

T_s——黑球温度计的热力学温度，K；

t_s——黑球温度，℃；

v——室内空气流速，m/s。

实例证明：在人体舒适范围内，等感温度可以比室内空气温度高 2～3℃，因此，保持同样的舒适感觉，辐射采暖的室内温度可以比对流采暖低 2～3℃左右。辐射采暖的辐射强度和室内温度的关系如下：

$$E = 175.85 - 9.775 t_n \tag{5-6}$$

式中 E——室内温度为 t_n 下的辐射强度，W/m²。

当 $t_n = 18$℃时，$E = 0$。说明当室内温度为 18℃时，不需要辐射热也感到舒适。

辐射采暖同时存在有对流和辐射换热的综合作用，因此，使得采暖负荷的计算十分困难。实践中，普通采用近似计算方法，常用的方法有以下两种：

(1) 修正系数法

$$Q_f = \phi Q_a \tag{5-7}$$

式中 Q_f——辐射采暖时的热负荷，W；

ϕ——修正系数，其中：

中、高温辐射采暖，$\phi = 0.5 \sim 0.9$；

低温辐射采暖，$\phi = 0.9 \sim 0.95$；

Q_a——对流采暖时的热负荷，W。

(2) 降低室内温度法

按对流采暖热负荷计算方法计算热负荷，但室内空气计算温度降低 2～6℃，以此计算热负荷作辐射采暖系统的热负荷。对于低温辐射采暖，室内计算温度降低值取下限范围值，对于高温辐射采暖系统采用上限范围值。

3. 低温辐射采暖系统设计概况

低温辐射采暖系统，可设计成：顶棚辐射板、混凝土地面辐射板，混凝土楼面辐射板等各种形式。目前，地板低温辐射采暖已广泛用于住宅建筑和公共建筑。住宅建筑采用低温地板辐射采暖，可以取得良好舒适效果，且节省能耗、不占有效建筑面积、便于用户热计量（图 5-10）。高大空间的公共建筑，如游泳馆、展览厅、宾馆大堂等，采用地板低温辐射采暖，可以克服冬季温度梯度大，上热下冷的现象。

低温辐射采暖常用的形式是顶棚、地面或墙面埋管。埋管用的盘管形状一般为蛇形管，也可制作成联箱形式的排管。埋管材料以往多为钢管或铜管，钢管存在有腐蚀，价格比较贵。目前采用的新型塑料管作为埋管已取得良好的效果。塑料管使用寿命长，使用温度完全可以满足低温辐射的要求，此外，还有金属顶棚式低温辐射采暖。

辐射板面以辐射和对流两种形式与室内其他的表面和空气进行热交换，其传热量可以近似的等于辐射传热量和对流传热量之和。

$$Q = q_f + q_d \tag{5-8}$$

式中 Q——总传热量，W；

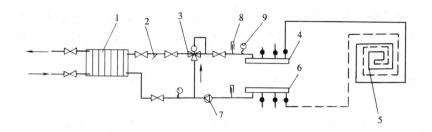

图 5-10 地板低温辐射采暖原理图
1—换热器；2—过滤器；3—三通调节阀；4—分水器；5—散热器；
6—集水器；7—水泵；8—温度计；9—压力表

q_f——辐射传热量，W/m²；

q_d——对流传热量，W/m²。

$$q_f = 5.72ab\left[\left(\frac{T_{b1}}{100}\right)^4 - \left(\frac{T_{b2}}{100}\right)^4\right] \tag{5-9}$$

式中 a——构形系数；

b——辐射系数；

T_{b1}——辐射板表面平均温度，K；

T_{b2}——被加热面表面平均温度，K。

因室内被加热表面的温度各不相同，所以，该温度应取面积加权平均温度。

辐射板的对流传热，属于自然对流传热，其传热量主要与板面温度和室内空气温度有关，可以用下面简化公式来计算板面的对流传热量。

对于顶棚辐射采暖时：

$$q_d = 0.14(t_{b1} - t_n)^{1.25} \tag{5-10}$$

对于地面辐射采暖时：

$$q_d = 2.17(t_{b1} - t_n)^{1.31} \tag{5-11}$$

对于墙面辐射采暖时：

$$q_d = 1.78(t_{b1} - t_n)^{1.32} \tag{5-12}$$

式中 t_n——室内空气温度，℃。

由换热器出来的热水经过滤器进入分水器后，分别送到用户散热管，回水经集水器、水泵送至换热器，循环供水。三通调节阀用于调节供水温度，当供水温度升高时，从回水管上混入部分回水，图 5-11 是某厂家生产的低温地板辐射采暖结构图。

地板低温采暖的埋管布置方式，一般有联箱排管、平行排管、蛇形排管和蛇形盘管等不同方式，图 5-12。

联箱排管系统，采暖管容易布置，系统阻力小，但板面温度分布不够均

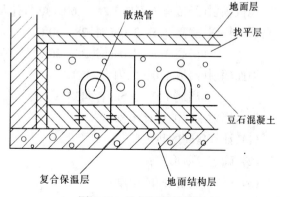

图 5-11 地板辐射结构图

匀。平行排管系统，采暖管道容易布置，板面温度分布不均匀，系统阻力较大。蛇形排管和蛇形盘管板面温度分布均匀。联箱排管的排管与联箱的连接采用管件或焊接，其他形式为连续弯管，整体性好。

管道材料有钢管、铜管和塑料管。钢管价格便宜，但有腐蚀性，不宜采用；铜管价格较贵，要增加采暖系统的投资。目前由于塑料工业的发展，塑料管材的种类不断增多，性能不断提高。地板辐射采暖所采用的塑料管材主要有交联聚乙烯塑料管（XLPE管）和聚丁烯管（PB管）。这些塑料管道具有承压高、耐老化、沿程阻力小等优点，可以按设计长度要求生产避免和减少管道接头，消除埋地管道渗漏。

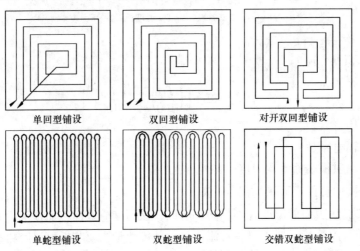

图 5-12 埋管布置形式图

地板低温辐射采暖传热具有双向性。地板非传热方向需进行保温。

设计低温辐射采暖时应注意的几个问题：

(1) 为使供、回水管达到阻力平衡，宜采用同程式；
(2) 应处理好管道和辐射板的膨胀问题；
(3) 埋置的盘管，不应使用丝扣连接和法兰连接；
(4) 供水温度一般为 40～60℃，供、回水温差 6～10℃；
(5) 辐射板表面的平均温度，推荐采用下列数值：

地板辐射(经常有人停留) 24～26℃ (短期有人停留) 28～30℃
顶面辐射(房高 2.5～3.0m 时) 28～30℃
　　　　(房高 3.1～4.0m 时) 33～36℃
墙面辐射(离地 1.0m 以内者) 35℃
　　　　(离地 1.0～3.5m 者) 45℃

低温辐射采暖的设计步骤：

(1) 计算房间的热负荷；
(2) 确定辐射形式；
(3) 确定辐射板面的温度；
(4) 计算单位辐射板面积的散热量；

(5) 选择辐射板的加热方式；

(6) 选择辐射板背面的保温材料，求出辐射板的热损失；

(7) 设计辐射板的供热量；

(8) 设计辐射板的采暖系统。

三、热风采暖

热风采暖是利用室内空气循环向厂房供热的一种形式，适用于耗热量大的大空间建筑、间歇采暖的厂房以及有防火、防爆要求的厂房。热风采暖是一种比较经济的采暖方式，具有热惰性小、升温快、设备简单、投资省等优点。

1. 热风采暖的分类

热风采暖按空气加热方式，通常可分为：空气加热室和暖风机两种，空气加热室由空气过滤器、空气加热器和风机组成（图 5-13）。构造形式基本与组合空调机组相同，室内回风经过滤和加热后，由风机送入房间，也可以根据需要吸入部分新风量，送风口可以连接风管。

暖风机组，由空气加热器和风机组成，是一种通用定型产品。小型暖风机一般是配备轴流风机，机外余压不大，通常不接送风管，室内空气直接加热循环，安装形式为吊装。对于大型暖风机组配备的风机为离心风机，机组外有一定余压，可连接送风管，安装形式为坐地式。

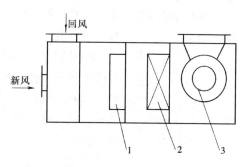

图 5-13　空气加热室示意图

1—过滤器；2—加热器；3—风机

2. 集中送风系统的气流形式

集中送风系统的形式可分为：平行送风和扇形送风两种，气流形式的选择原则，主要是取决于房间的大小和形状。房间的形状和大小决定了送风口的布置，射流的形状，射流的数量及射程等。

每股射流的作用宽度如下：

平行送风时（图 5-14）：

$$B \leq 3 \sim 4\text{m}$$

扇形送风时（图 5-15）：

$$\alpha = 45°$$

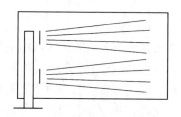

图 5-14　平行送风的基本形式

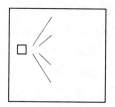

图 5-15　扇形送风的基本形式

每股射流作用的距离为：

平行送风时：
$$L < 9H$$

扇形送风时：
$$R < 10H$$

式中 H——为房间的高度。

第二节 通风除尘系统设计方法

一、通风系统设计方法

1. 通风系统的分类

通风是为了改善生活和生产环境以创造安全、卫生条件而进行的通风换气技术。按通风动力可分为机械通风和自然通风。机械通风又分为全面通风、局部通风和事故通风。自然通风按作用压力分为热压和风压两种。

假设某房间内散发出有害物质使得室内空气中有害物浓度超过了卫生标准允许值，采取室外新鲜空气，同时排出被污染的气体，来稀释室内有害物质浓度的通风方式称之为"全面通风"。如果可以采用排气罩或通风柜的形式，将散发的有害物质就排除，使之不扩散至整个室内的通风方式称之为"局部通风"，如化验室的蒸酸过程散发的有酸雾，一般可将蒸酸设备（电热板）置于专门的通风柜内，并排风造成柜内负压由操作口进风控制有害气体溢出，见图5-16。

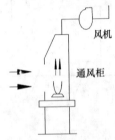

图 5-16 局部通风

在生产过程中，有时由于工艺设备突然发生事故，突发性散发出大量的有害物质使室内空气中有害物浓度超过卫生标准许多倍，可能对人们造成危害。因此，需要设置一套事故通风装置。

自然通风是利用室内、外空气温度差而产生的"热压"或室外风速而产生的"风压"为动力的通风方式。对于室内有热源的工业建筑，在室内、外空气热压差的作用下，进行自然通风，而且可以获得比较大的通风量。因而，在工业建筑热车间中得到广泛的应用。"风压"是受室外气象条件影响的不稳定因素，一般在无散热源的房间得到充分利用，是改善室内空气品质的有效方法。

自然通风的计算一般由暖通空调专业设计人员负责。首先，工艺专业提出车间散热源资料，暖通空调专业根据建筑专业提供的图纸验算开窗和门洞面积，将计算结果再提供给建筑专业，最后确定建筑物的门、窗面积。

2. 通风系统的设计原则

（1）为了防止生产过程中散发的热量，蒸汽或有害物质污染人们活动区域的空气及对环境造成影响，应该从工艺、总图、建筑和通风等各专业采取有效的综合预防和治理措施。首先应从工艺专业着手，使工艺生产过程不产生和少产生有害物质。对散发有害物的生产过程和设备，应采用机械化、自动化程度高的工艺流程，并应加强密闭、隔离和负压操作，避免人员直接接触有害物，以改善工人的操作条件，对于散热量大的设备和物料应尽量布置在建筑物的外面或室内夏季主导风向下风侧的外墙边，并应采取隔热措施。

确定建筑方位时，本专业应与建筑，工艺等专业配合，使建筑尽量避免或减少东、西向的日晒。以自然通风为主的厂房，还应根据厂房的主要进风面和建筑物的形式，按夏季有利自然通风的风向布置。

(2) 对散发热、蒸汽或有害物的车间，为了不使有害物质在室内扩散，在工艺设备上或有害物质散发处设置局部排风装置，将有害物质就地排除，是经济有效的措施。当有的工艺生产过程，由于操作等原因，不能设置局部排风或设置局部排风仍不能有效的控制有害物时，可采用自然通风、机械全面通风和局部通风的联合通风方式。例如：手工焊接的固定工作台，在焊接工作时，散发出大量烟雾，在工作台上设置局部排风装置，对防止有害物质扩散基本是有效的，由于焊接地点不是固定的，当焊接工作点移动至局部排风装置难以控制的位置时，焊接烟雾就可能扩散到室内，因此还需要设置全面通风来稀释室内空气中的有害物浓度。

(3) 全面通风的气流组织应符合下列原则

1) 排风口应设在散出有害物较多的地方，而送风口应设在散出有害物较少的地方或人员经常停留的地方。

2) 室内气流方向应从有害物浓度较少的地方流向浓度较大的地方。

(4) 机械送风的室外空气吸入口，应尽可能远离有害气体的排气口，保证送风空气的洁净度。对工业建筑，进风口处室外空气中有害物含量不应大于室内人员活动区最高允许浓度的30%；居住和公用建筑，不应大于"环境空气质量中所规定的浓度限制"。

(5) 机械送风系统进风口的位置，应符合以下要求：

1) 进风口的位置应设在室外空气较清洁的地点，不应设在排风口的下风侧。

2) 进风口的底部距室外地坪不宜小于2m，当设在绿化地带时，不宜小于1m，主要是防止室外地面扬尘污染进风质量。

3) 排除有害物质地排风口与进风口均设在屋面同一高度时，其水平距离应大于20m，当受条件限制小于20m，排风口应高于进风口6m。

(6) 建筑物全面排风系统吸风口的布置，应符合以下规定：

1) 位于房间上部地区的吸风口，用于排除余热、余湿和有害气体时，吸风口下缘至地面的高度不宜小于2m；用于排除有爆炸危险的气体时（氢气除外），吸风口上缘至顶棚平面或屋顶的距离不应大于0.4m。

2) 用于排除氢气与空气的混合物时，当房间高度≤4m，吸风口上缘至顶棚平面或屋顶的距离不应大于0.1m，当房间高度大于4m时，上述距离不大于0.025倍的房间高度，但不大于0.4m。

3) 位于房间下部地区的吸风口，其下缘距地板距离不应大于0.3m。

(7) 可能突然散出大量的有害气体或有爆炸危险气体的建筑物，应设置事故通风装置，事故排风量，应由工艺专业提出或通过和专业协商确定。当缺乏资料无法确定时，可按换气次数不小于$8h^{-1}$计算。

事故通风的通风机电器开关，应分别设在室内、外便于操作的地点，其供电负荷等级应与工艺等级相同，保证供电的可靠性。

二、除尘系统设计方法

在物料破碎，筛选，加工及运输过程中，不同程度的散发粉尘，粉尘随着空气一起流动将迅速污染到工作地带环境，需要采取有效的防尘措施。防尘方法一般有湿法除尘和机械除尘。湿法除尘是将物料加湿减少粉尘的散发量和向散发粉尘的地点及工作地点空间进行喷雾控制粉尘产生或使悬浮在空气中的粉尘加速凝聚沉降。机械除尘是将散发粉尘的工艺流程和设备进行密闭，将散发的粉尘抑制在密闭罩内，同时从密闭罩内排风，保持罩内为负压，防止含尘空气从密闭罩上的不严密缝隙和孔洞散入室内。由于工艺流程和设备类型繁多，操作的方法也不相同，密闭罩的形式很多。对于集中散尘、罩内局部增压不太大而且操作简便的散尘点一般采用局部密闭，如皮带向皮带卸料的卸料点。对于散尘面积较大，工艺设备形状不规则操作频繁的散尘点可采用整体密闭罩和密闭小室。

水力除尘是一种较为经济的除尘方法，而且可以取得较好的除尘效果。当工艺流程和物料允许加湿时，应尽量采用。当物料不允许加湿或采用水力除尘后达不到卫生要求时，应采用机械除尘。为了达到更好的防尘效果，往往是采用水力除尘，设备密闭和机械排风的缓和除尘，设备密闭是缓和除尘的重要环节。设备密闭的好坏，往往决定于除尘效果的好坏和除尘系统的经济性。因此，对密闭罩设计的要求是：密封严密、便于操作和检修、坚固耐用。

除尘系统排出的含尘气体一般含尘浓度比较高，需要经过除尘器净化后排入大气。除尘器的种类很多，应该根据粉尘的性质、含尘浓度、粉尘的分散度、排气的参数进行选型。

三、通风除尘系统的设计步骤

对于不同的场合，所要求的系统是不同的，其设计的具体步骤也会有些差异。但就一般的情况而言其设计的大致步骤是基本相同的。大致如下：

(1) 仔细阅读设计任务书和已提供的相关资料，如工艺资料，建筑资料等。了解设计要求。

(2) 根据设计需要收集设计原始资料。除了已经提供的资料外，还要收集其他设计所需资料，如当地室外设计计算参数，工艺特点、与通风除尘有关的工艺参数、工作班次、冷、热、电源情况，当还不太熟悉有关设计规范时还要查看设计规范等。必要时还要到现场和已有类似系统的地方进行实地考察。

(3) 制定提出可行性方案。对这些方案作经济技术比较，从中选择确定可靠、简单、经济的方案。

(4) 针对所确定的方案划分系统，计算各系统所需的通风量。

(5) 进行系统的风量与热量平衡计算，确定送风参数（如果设置了机械送风），设相应的送风系统，选择净化设备，预选择风机。

(6) 布置系统风管和设备。

(7) 选择风管材料，进行系统水力计算，确定管径大小，选定风机型号。

(8) 绘制施工图。

(9) 编写设计施工说明书。

(10) 进行工程概、预算。

对于初步设计或者方案设计，上述步骤可以简化。可以用估算指标计算系统的风量、热量，可以用允许压降或者经济比摩阻法估算系统阻力，据此选择有关设备，绘制方案图及按需要进行工程概算。其繁简程度根据实际要求的不同有很大的差异。

四、通风除尘系统设计注意事项

在设计中应当注意的事项很多，但从大的方面来看主要有如下几项：

(1) 设计前应尽量全面掌握与设计有关的各种情况，特别是与方案选择确定相关的情况，特别是对于设计新手在设计前要收集和阅读大量的设计资料，如相关的设计规范、设计手册、设计措施等。设计中在不违反有关设计规范的情况下，遵循可靠、简单、经济的原则，充分运用所学知识发挥主观能动性。

(2) 通风除尘系统方案从大的方面说有机械通风和自然通风、全面通风和局部通风。当有害物危害较大，环境要求高，自然通风不能完全保证的场合宜采用机械通风。对于通风范围，只要有条件采用局部通风，且全面通风和局部通风在系统初投资方面相差不大时，应优先采用局部通风。

采用了送风的局部通风系统，如果送风只是为了补风，在进风要消耗室内冷或者热量时，应尽可能将补风与排风结合起来，尽量将补风送至排风口附近，以最大限度地减少补风所造成的冷（热）损失。

对于全面通风，送风应力求缓慢、均匀，充分利用自然动力，如置换通风。

(3) 采用局部通风时，排风罩应优先考虑密闭罩，不能密闭时应尽量靠近污染源，并尽可能减小吸气范围，尽可能采用定型排风罩，如无定型罩可选时，可以遵照靠近污染源、减小吸气范围、保持罩口风速均匀的原则自行设计排风罩，其排风量按照"控制风速法"或"流量比法"计算。

(4) 为使设计的系统可靠，在设计那些特点突出、工艺专业性强、情况特别的系统时，要查阅专门的设计资料，充分掌握相关行业标准，了解可能出现的特殊情况，吸取成功经验。必要时要进行实地考察。

(5) 划分系统时应遵循系统的划分原则，即划分时要考虑有害物性质、处理的难易程度、系统阻力平衡、运行调节等因素。需要回收原材料的系统，当污染物物理化学性质不同时不能合为一个系统；当两种污染物混合会发生燃烧、爆炸、凝结、或产生新的有害物时，不能合为一个系统；工作班次不同、不便于运行调节或不利于系统阻力平衡时也不宜合为一个系统。

(6) 设计时要考虑系统的可安装、可检测、可调节、可维护性。

与其他方面一样，通风除尘系统设计也具有它的复杂性，它涉及的内容越是具体就越广泛。对于具体的设计资料请参阅有关的通风设计手册。

第六章 暖通空调系统冷、热源

第一节 空调冷源设备

影响空调冷、热源设备选择的因素很多，主要有建筑物的规模及用途、能源结构及价格、设备价格、环境保护和气象条件等。合理的选择冷、热源方案需要根据工程的具体情况进行全面技术经济比较。

国家发改委提出了大力调整能源产业结构，加大天然气在我国一次能源中的比重的要求，建设部在"市政公用事业节能技术政策"中提出"发展城市燃气事业，搞好城市燃气发展规划，贯彻多种气源，合理利用能源"的方针。国家迅速发展了四川、新疆一带西部天然气资源，启动了"西气东输"工程，以解决长江流域一带的用气问题，从而进一步改变了我国能源的消费结构，给广大地区提供了燃烧效率高、污染少的清洁能源。近年来，我国电力工业也得到了迅速发展，但用电负荷集中，电网负荷效率低，供电系统峰、谷差大。为了缓解高峰负荷时供电紧张的问题，电业部门相继制定了用电政策和峰、谷分时计电价措施，鼓励用户在负荷低谷时用电，以经济手段实现"削峰填谷"。因此，国家能源结构和政策对空调冷、热源设备的选择起着十分重要的作用。

根据我国目前的能源结构和政策现状，空调冷、热源设备方案可归纳为以下几种主要组合形式：

(1) 电制冷+燃油（燃气）锅炉；
(2) 直燃式溴化锂冷、热水机组；
(3) 电制冷+电锅炉（或蓄热）；
(4) 蒸汽溴化锂制冷+蒸汽（换热器）；
(5) 空气源或水源热泵；
(6) 电制冷+集中供热。

一、空调冷源设备的特性

集中空调系统，一般所担负的空调面积大、房间多，因此，空调冷源设备容量通常很大。空调工程能耗是建筑能耗中的重要组成部分，而冷源设备又是空调工程的主要能耗设备，因此，冷源设备的选择关系到工程的投资、运行费用及能源消耗。冷源的选择是空调工程设计中的重要方案问题，具有十分重要的地位。

(一) 空调冷源的原理及分类

1. 空调冷源的分类

空调工程中常用冷源的制冷方法主要分为两大类：一类是蒸气压缩式制冷，另一类是吸收式制冷。压缩式制冷，根据压缩机的形式可以分为活塞式（往复式）、螺杆式和离心式等，一般利用电能作为能源。吸收式制冷，根据所利用的能源形式可以分为蒸汽型、热水型、燃油型和燃气型等，后两类又被称为直燃型，这类制冷机以热能作为能源。根据冷凝器的冷却方式又可分为水冷式和风冷式。根据机型结构特点还有压缩机多机头式、模块式等等。表6-1所示为空调用制冷机的容量范围和能耗状况。

冷水机组的容量范围及能耗（平均参考值）　　　　表6-1

制冷机类型	机型名称	容量（kW）	动力消耗（kW/kW）或蒸汽、柴油消耗（kg/kW）	备注
蒸气压缩式	水冷活塞式	69.8~139.5	0.315	
	水冷螺杆式	348.9~1744.2	0.307	
	水冷离心式	697.7~1744.2	0.281	
	风冷活塞式	69.8~139.5	0.353	
	风冷螺杆式	348.9~3489	0.301	
吸收式	蒸汽单效	348.9~3489	2.35	蒸汽
	蒸汽双效	348.9~3489	1.38	蒸汽
	直燃机	348.9~3489	0.0757	柴油

2. 制冷原理

(1) 蒸气压缩式制冷

理想的制冷循环实际上是逆卡诺循环，该循环是由两个定温过程和两个绝热过程组成的。其制冷系统由压缩机、冷凝器、膨胀阀和蒸发器四大部分构成，其制冷原理见图6-1。压缩机1从蒸发器4吸入低压低温的制冷剂蒸气，经压缩机绝热压缩成为高压过热蒸气，再进入冷凝器2中定压冷却，并向冷却介质放出热量，然后冷却为过冷液态制冷剂，液态制冷剂经膨胀阀3绝热节流成为低压液态制冷剂，在蒸发器4内蒸发吸收空调循环水中的热量，从而冷冻空调循环水达到制冷的目的，然后又重新被吸入压缩机，如此循环工作。

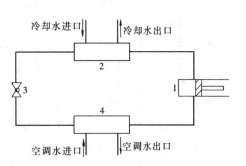

图6-1　蒸气压缩式制冷原理图
1—压缩机；2—冷凝器；3—膨胀阀；4—蒸发器

空调制冷系统中，通常将压缩机、冷凝器、膨胀阀和蒸发器四大部件组装成一个整体，这个设备就是空调冷水机组。空调冷水机组是按空调工况设计制造的，是一种定型产品。冷水机组结构紧凑，整机出厂产品质量可靠、性能好、安装简单，机组配备有完善的自动控制装置，运行管理十分方便。

(2) 溴化锂吸收式制冷

吸收式制冷机的原理是利用二元溶液在不同压力和温度下能吸收和释放制冷剂的原理进行制冷循环的，因此吸收式制冷具有制冷剂和吸收剂两种工质，制冷所消耗的动力为热能，制冷循环工作原理如图6-2所示：

发生器内装有一定量的溴化锂浓溶液，吸收器内装有一定量的溴化锂稀溶液，吸收器内的溴化锂稀溶液经溶液泵、热交换器进入发生器，在外热源（蒸汽或热水）加热下，溴化锂稀溶液中的水分蒸发而变成溴化锂浓溶液，所蒸发的水蒸气进入冷凝器，在冷凝器中被冷却水冷却放热后，经节流减压进入蒸发器，在高负压的蒸发器中汽化而吸收冷冻空调循环水中的热量，汽化后的水蒸气进入吸收器，在吸收器内被来自发生器的溴化锂浓溶液

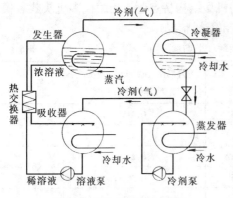

图6-2 溴化锂制冷原理图

吸收,使溴化锂浓溶液变成了溴化锂稀溶液,再经溶液泵、热交换器送至发生器浓缩成溴化锂浓溶液。在水蒸气吸收过程中,产生的汽化潜热由冷却水带走。溴化锂浓溶液为高温液体,在进入吸收器之前经过热交换器冷却,加热了进入发生器前的稀溶液从而回收了部分热量,提高了能源的利用率。

上述制冷循环称为单效溴化锂制冷流程。单效溴化锂制冷循环,热源的温度不能太高,因而能耗比较大。为了克服这一缺点,将制冷装置做成双效型,双效溴化锂与单效溴化锂的最大区别在于增加了一个高压发生器。双效溴化锂制冷装置可以应用高温热源,如高压蒸汽、直接燃油或燃气,从而减少了能耗,提高了能源利用效率。

(二) 蒸气压缩式制冷的制冷剂

蒸气压缩式制冷系统中,在蒸发器内蒸发吸热,经压缩机压缩后,在冷凝器内放热的工作物质被称为制冷剂,对制冷剂的要求是:

(1) 无毒,无刺激性,无爆炸危险,无腐蚀性等。

(2) 符合环境保护要求。

(3) 冷凝压力不要过高,蒸发压力不要过低,冷凝压力与蒸发压力之比应小。

(4) 蒸气的比容应小,气化潜热应大。

(5) 导热系数大,黏度低。

(6) 价格便宜。

可作为制冷剂的物质很多,空调制冷机广泛应用氟利昂作为制冷剂。自从开发出 CFC 类制冷剂(氯氟碳化合物的简写)以来,空调制冷中曾较多采用的制冷剂有 CFC11、CFC12、CFC500 等,通常用 R11、R12、R500 表示。由于它们具有安全、性能稳定、无毒、热效率高等优点,长期被广泛应用于空调制冷。但是,它们在大气中具有极高的稳定性,且对臭氧层有很大的破坏性:CFC 类制冷剂漏入大气后,上浮到同温层中,由于受到阳光中紫外射辐线的影响,其中所含的氯原子被分解出来,而氯原子又使臭氧分子分解,产生氧化氯和一个普通的氧分子,氧化氯分子又与其他的臭氧分子作用,将氯原子还原出来,氯原子又会按上述反应过程去破坏其他臭氧分子。因而,臭氧层中的臭氧遭到连锁性的破坏。臭氧层是防护地球生物免受太阳紫外线影响的一个天然屏障,因此 CFC 类制冷剂对环境有破坏作用。

1987年,美国等22个国家签定了保护臭氧层的蒙特利尔公约,率先同意限制 CFC 类制冷剂的生产和使用。后来,对该公约作了修订,提前到1996年1月1日全面淘汰 CFC。已有90多个国家签字通过进行国际管制。协定书假定破坏臭氧层的化学物质生产量相当于散发量,认为或多或少、或快或慢,最终都会散发到大气中去,导致臭氧层被破坏。因此,其国际管制方法是对管制物质生产量制定分阶段削减和最后完全停产的时间表。

由于 CFC 物质受国际管制,将要停止生产和使用,商家相继推出相应的替代制冷剂,如用 HCFC-123 替代 R11,HFC134a 替代 R12 等。为了说明制冷剂对臭氧层的破坏程度,用对臭氧层破坏的潜能值ODP值对CFC物质进行管制分类，凡是ODP=1的化学物质均划为第一类管制物质，已于1996年1月1日停止生产。0＜ODP＜1的化学物质划为第二类管制物质，实行分阶段削减产量，到2030年全部停止生产。

制冷工业面临的另一个问题是全球性气候变暖的问题。联合国气候变化框架公约及其"京都协议"从造成全球气候变暖的综合效果考虑，将其他温室气体按其温室效应的强弱，折算成CO_2的当量排放量，实行排放总量管制，GWP值表示温室效应的潜能值。框架公约以受管制温室气体1990年的排放量为基准，要求各国通过提高能效、降低能源需求、调整能源结构等技术措施，限期降低其温室气体排放总水平。1997年12月通过的"京都协议"要求：到2008～2012年，美国的排放总量降到比1990年低7%，日本、加拿大降低6%，欧洲降低8%，俄罗斯可维持在1990年的水平。

常用制冷剂的典型工作压力及理论COP值见表6-2。

常用制冷剂工作压力（kPa）和理论COP值　　表6-2

制冷剂	蒸发器3.3℃	冷凝器37.8℃	停机22.2℃	理论COP值
HCFC123	-63	42	-18.9	7.44
CFC11	-55	61	-5.4	7.57
HFC134a	228	855	510	6.94
CFC12	243	808	502	7.06
HCFC22	452	1350	866	6.98

常用制冷剂的ODP值、GWP值及其在大气层中的寿命比较见表6-3。

常用制冷剂的ODP值和GWP值　　表6-3

制冷剂	分子式	ODP	GWP	大气中寿命
CFC11	$CFCl_3$	1.0	4000	50
CFC12	CF_2Cl_3	1.0	8500	102
HCFC22	HCF_2Cl_3	0.05	1700	13.3
HCFC123	$CHCl_2CF_3$	0.02	93	1.4
FIFC134a	CH_2FCF_3	0	1300	14

蒙特利尔公约规定的制冷剂淘汰限期见表6-4。

制冷剂淘汰期限表　　表6-4

制冷剂	新设备停止供应期	维修设备停止供应期
CFC11	1996年1月1日停止生产	
CFC12		
CFC500		
HCFC22	2010	2020
HCFC123	2020	2030
HFC134a	未规定淘汰期限	

从目前的认识水平看，HCFC123和HFC134a虽然是当前应用最广泛的主要制冷剂，性能也比较好，但它们对全球环境均存在或多或少的有害影响，不是对环境完全友好的制冷剂。从长远来看，它们也是一种过渡性制冷剂，所以人类还期待开发出一些热工性能好，对环境更为友好的替代制冷剂。

（三）蒸气压缩式冷水机组的特性

1. 离心式冷水机组

离心式冷水机组由离心式压缩机、壳管式冷凝器和蒸发器、辅助设备及自动控制和保护装置组成。离心式压缩机一般转速高、排气流量大，因此单机制冷量大。用于空调工况的冷水机组的蒸发温度大于0℃，排气和吸气的压差小，即压缩比小。

离心式冷水机组按压缩机与电动机的连接方式可分为封闭式和开式。开式结构检修方便、制造成本低，电机采用空气冷却，电机散热排入机房内，且噪声偏高。按压缩机级数可分为单级、双级和三级压缩，所采用的制冷剂有R123、R134a和R22等。

离心式压缩机的特性可以用 t_k-Q_0 性能曲线表示。横坐标为制冷量 Q_0，纵坐标为冷凝温度 t_k。对于每一个蒸发温度和每一个转速 n 都有相应的 t_k-Q_0、N_1-Q_0、η-Q_0 特性曲线，见图6-3。

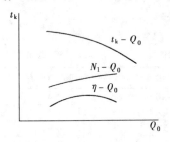

图6-3 离心式制冷机特性曲线
N_1—功率；η—效率；
t_k—冷凝温度；Q_0—制冷量

对某一固定转速的离心式冷水机组，当蒸发温度 t_0 一定时，冷凝温度 t_k 越低，制冷量 Q_0 越大，压缩机的输入功率也相应增大，但单位制冷量所消耗的功率有所减少，COP值增大。反之，当冷却水温度升高，即冷凝温度升高时，机组的制冷量将减少。如果冷凝温度一定，蒸发温度升高或者说空调供水温度提高，机组制冷量则增大，单位制冷量所消耗的功率有所减少，COP值增大。离心式冷水机组当制冷负荷很小时，将会产生"喘振"现象。如果离心压缩机流量过小，则压缩机的压缩比增大，排气压力也增高，当吸入流量小到一定值时，由于轴向旋涡等因素的影响，造成流道内气流很不均匀，气流产生严重的脱离现象，导致压缩机排气压力下降，当压缩机的排气压力降至冷凝器中的冷凝压力以下时，制冷剂将倒流入压缩机，直到冷凝器中的冷凝压力降到小于压缩机的排气压力为止。这时压缩机又开始向冷凝器排气，当冷凝器中压力恢复到原来值时，制冷剂又会开始倒流，如此反复产生的周期性制冷剂气体脉动就是所谓的离心式冷水机组的"喘振"现象。"喘振"会增大机组运行时的振动和噪声，严重时还有可能损坏机器。目前，生产厂家采取各种措施防止或避免"喘振"现象的发生，如采用热气流旁通，采用多级压缩机和变转速运行等都可以避免"喘振"现象。

为了进一步具体了解离心式冷水机组的特性，下面列举几种产品实例。

【实例1】 特灵三级压缩离心式冷水机组

三级压缩可以获得较低的叶轮切线速度和尽可能高的径向分量来排出气体，当压缩机在低负荷下运行或冷凝温度高的情况下，径向分量高可以防止制冷剂断流。因此三级压缩离心式冷水机组可以在一定程度上避免"喘振"现象。三级压缩之间设有两个节能器，以提高机组的制冷效率。三级压缩离心式冷水机组转速低，不需增速装置，噪声比较低，电动机转子和定子浸在液态制冷剂中，可以在各种负荷情况下满足冷却要求。

机组性能：制冷量——1055～4571kW

　　　　　　耗电指标——0.178～0.2kW/kW

　　　　　　空调冷冻水供、回水温度——7/12℃

　　　　　　空调冷却水供、回水温度——32/37℃

　　　　　　制冷剂——R123

【实例2】 约克离心式冷水机组

约克离心式冷水机组为开式电机，采用风冷形式，维修方便，可利用变频调速装置进行负荷调节，从而大幅度节约能量。压缩机为单级压缩，高强度铝制叶轮，效率高，工质可用 R22，R134a 和 R123。

机组性能：制冷量——1750～4550kW（R22）
　　　　　　　　　1225～4550kW（R134a）
　　　　　　　　　525～2975kW（R123）
　　　　　耗电指标——0.189～0.204kW/kW（R22）
　　　　　　　　　　0.189～0.206kW/kW（R134a）
　　　　　　　　　　0.179～0.203kW/kW（R123）
　　　　　空调冷冻水供、回水温度——7/12℃
　　　　　空调冷却水供、回水温度——32/37℃

【实例3】 麦克维尔水冷离心冷水机组

麦克维尔水冷离心冷水机组采用半封闭式压缩机，齿轮增速，用制冷剂冷却电机，叶轮用聚四氟乙烯浸润的铸铝合金制成。有双压缩机离心冷水机组，两台压缩机、两台油泵、两个控制面，可互为备用。

机组性能：制冷量——1210～7862kW
　　　　　耗电指标——0.171～0.193kW/kW
　　　　　空调冷冻水供、回水温度——7/12℃
　　　　　空调冷却水供、回水温度——32/37℃
　　　　　制冷剂——R134a

2. 螺杆式冷水机组

螺杆式冷水机组由螺杆式压缩机、冷凝器、蒸发器、干燥过滤器、吸气过滤器、油分离器、油冷却器、油滤器和自动控制、自动保护装置组成。

螺杆式压缩机是一种容积式回转压缩机，它具有以下特点：

（1）结构简单、紧凑、体积小、重量轻，运转部件少，因此机器易损件少，运行周期长，维修工作量小。

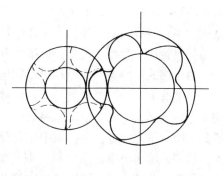

图 6-4　螺杆式压缩机转子

（2）运行平稳安全可靠，操作方便，可以在较高的压缩比工况下运行。

（3）容积效率高，由于采用喷油冷却，压缩机排气温度较低，工作腔没有余隙容积。

（4）制冷量调节范围大，通过滑阀调节制冷负荷，可以进行从 100%～10% 范围内的无级能量调节。

螺杆式压缩机为旋转式，只有三个活动部件：阴转子、阳转子和滑阀。阳转子直接与电动机连接，并由电动驱动，阳转子带动阴转子，两转子反向运动见图 6-4。螺杆式压缩机吸入由蒸发器来的气态制冷剂，阳转子和阴转子相对运动，将制冷剂压入油分离器。在压缩机转子上部，沿压缩机壳体内设有喷油装置，为的是密封转子与压缩机壳体之间的缝隙，防止高压腔向低压腔之间的制冷剂泄漏，从而提高压缩机的工作效率。压缩机转子段所设的滑阀与两转子平行滑动，用以调节制冷机的制冷负荷，当滑阀滑向压缩机的排气端时，转子压缩的有效长度减少，导致容积减少，制冷量降低，实现了无级调节的目的。冷量调节范围一般为10%～100%。螺杆式压缩机的润滑油系统和喷油冷却系统比较复杂，这里不再赘述。

螺杆式冷水机组单机制冷量一般在1500kW以下，为了提高机组的容量，目前有的厂家采用了多台压缩机组合，即所谓多机头螺杆式冷水机组。为了进一步具体了解螺杆式冷水机组的性能，下面以克莱门特水冷螺杆式冷水机组为例进行介绍。

压缩机采用半封闭式螺杆压缩机，由五齿阳转子和六齿阴转子组成，无增速齿轮，转子转速为2950r/min，通过滑块进行能量调节，可以实现10%～100%的冷量无级调节。压缩机外表面装有易于拆卸的吸声罩，并装有过热保护、排气温度控制、油位控制、油位观察镜、冷冻油电加热器等。机组采用微机控制，包括有各种控制、保护及自动诊断系统。配有RS485接口，用于遥控、显示、打印及报警等。机架及底板采用不锈钢、铝镁合金等材料制作。

机组性能：制冷量——435～2645kW

耗电指标——0.218～0.236kW/kW

空调冷冻水供、回水温度——7/12℃

空调冷却水供、回水温度——30/35℃

制冷剂——R22

3. 活塞式冷水机组

活塞式冷水机组由活塞式压缩机、卧式壳管式冷凝器、热力膨胀阀和蒸发器组成。活塞式冷水机组具有悠久的生产历史，技术十分成熟，制造简单、价格便宜，缺点是单机容量比较小，制冷效率比较低，工作部件较多，维修工作量比较大。目前，一些厂家将多台压缩机组装成一台冷水机组，以扩大其应用范围。

由压缩式制冷循环的原理可以知道：活塞式冷水机组的制冷量和轴功率与蒸发温度和冷凝温度有关，当冷凝温度一定，即冷却水温和水量一定时，蒸发温度增高，制冷量和轴功率也随之增大，制冷效率也将提高。如果蒸发温度一定，冷凝温度增高，即冷却水温度增高，制冷量将降低，制冷效率也将降低。

活塞式冷水机组的压缩机一般都具有顶开吸气阀片的能量调节机构（即卸载装置），当空调冷负荷减少时，可以通过能量调节机构使压缩机部分气缸卸载来调节制冷量。

4. 风冷热泵式冷水机组

风冷热泵式冷水机组的冷凝器采用风冷方式，通过一个四通阀的转换，夏季制取7℃的空调冷水，冬季制取45℃的空调热水，其工作原理见图6-5。

图中粗线表示制冷工况时的制冷剂流向，细线表示制热工况时的制冷剂流向。在制冷工况时，压缩机压出的高温、高压制冷剂蒸气经四通阀进入风冷冷凝器，冷凝成高压液态制冷剂，再经节流阀进入蒸发器蒸发冷却空调回水后，变成低温、低压的制冷剂蒸气，又回到压缩机完成一个制冷循环。在制热工况时，将四通阀旋转90°，压缩机压出的高温、高压制冷剂蒸气经四通阀进入蒸发器（此时作冷凝器用），放热后变成高压液态制冷剂，再经节流阀进入风冷冷凝器（此时作蒸发器用），从室外吸取热量后，经四通阀又回到压缩机完成一个制热循环。

风冷热泵式冷水机组在制热工况下能效比比较高，一般可达3.0以上，因此它提高了电能供热的经济性。对于温湿地区，风冷热泵式冷水机组在使用中最突出的问题是结霜，即蒸发器表面温度低于室外空气露点温度时，空气中的水蒸气就会在蒸发器上冷凝，出现"结露"；当蒸发器表面温度低于0℃时，凝结水就会结冰，这也就是通常所说的"结霜"。"结霜"会增大蒸发器表面的热阻，同

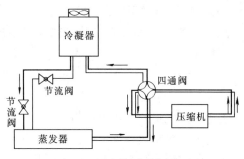

图6-5 风冷热泵系统原理图

时也增加了空气流经蒸发器的阻力，从而使空气量减少，随着机组的不断工作，霜层越结越厚，要保持热泵机组的产热量就只能依靠降低蒸发温度，因而越发加重了"结霜"的现象，如此恶性循环，当蒸发温度（蒸发压力）降低到低压保护开关的压力设定值时，机组就会被迫停机。因此，风冷热泵式冷水机组在冬季供热时如果霜层结到一定厚度，应及时将霜除去，即所谓"除霜"。

热气流除霜是目前风冷热泵式冷水机组常用的除霜办法。热气流除霜就是当蒸发器结霜到一定程度时，通过四通阀的切换，改变制冷剂的流动方向，使机组又切换到制冷工况下工作，利用制冷剂的冷凝热融解霜层。除霜需要用一套控制程序来改变机组的工作状况，一般常用的控制方案有以下几种：

（1）定时除霜：

机组除霜完全由时间控制，预先设定机组运行的时间和除霜的时间，由机组自动切换运行。大家知道，蒸发器结霜程度与室外气象条件和蒸发温度有密切关系，气象条件无时无刻不在变化，结霜的程度也会经常改变。定时除霜不符合机组在实际运行中对除霜的要求，在不需要除霜的时候，也可能按时除霜，而热气流除霜需要消耗电能，所以说定时除霜会严重浪费能量。

（2）温度—时间控制法：

控制蒸发器的排风温度，通常将此温度设定为0~3℃，在此温度下开始计时，如果经过一段时间，空气温度还是低于设定值便开始除霜。这种控制方法考虑了蒸发器排气温度的因素。

（3）温度—压力控制法：

利用空气温度和蒸发压力共同控制除霜动作，当蒸发压力降到某一定值时就开始计时，经过一段时间后，如果蒸发器排风温度低于0℃时便开始除霜。

风冷热泵冷水机组的产品参数一般制冷工况是室外空气35℃，空调供冷水温度为7℃；制热工况是按室外空气干球温度为7℃、湿球温度6℃的情况下，供热水水温按45℃设计的。

风冷热泵机组冬季制热量应根据空调室外计算温度和除霜要求进行修正：

$$Q = K_1 K_2 Q_0$$

式中　Q——机组制热量，kW；

Q_0——产品资料给出的标准工况下的制热量，kW；

K_1——室外气象参数修正系数，按生产厂家资料选取；

K_2——机组除霜修正系数。

K_2 值与当地室外气象参数和热泵机组的特点有关，机组除霜时，不仅停止了供热，而且还要从空调水系统中吸热作除霜用。因此，除霜时减少的供热量相当于除霜时间供热量的两倍左右。

5. 水源热泵机组

水源热泵机组的工作原理与冷水机组相同，其主要特点是冬季制热时，以水的热能为能源，通过热泵制热系统工作，输入低位热能，输出适合空调供热的高位热能。与空气源热泵相比较，制冷和制热效率高，制热时不存在结霜，运行性能稳定，水源的选择范围比较广，如地源热、江河湖等地面水及工业废热等。水源热泵的水源应满足水量、水温和水质的要求，水量和水温是影响水源热泵工作效率的关键因素，两者有密切关系。冬季水温应不低于8℃，一般设备厂家会对水量、水温提出要求。

6. 地源热泵机组

地源热泵机组属于水源热泵的一种，它所利用的是地下恒温层的地源热。地源热是一种资源丰富而廉价的能源，地源热泵具有广阔的应用前景。地源热泵一般利用地下水或土壤恒温层的热能。恒温层土壤常年具有较稳定的温度。在我国根据地域不同，深层土壤和地下水的温度一般在10～20℃之间。夏季制冷时利用它作冷却水冷却冷凝器，冬季制热时利用它作为加热蒸发器的热源。由于水温常年恒定，相对于气象温度可以说是冬暖夏凉，在夏季大大降低了机组的冷凝温度，不需要冷却塔；冬季大大提高了蒸发温度，蒸发器不结霜，从而使得机组的效率比风冷热泵高得多。同时，与风冷热泵机组相比，系统的换热效率高，同等冷热量所需的换热面积小，机组体积小、价格相对较低。此外还可以实现空调冷、热和提供卫生热水一机三用，是一种很有发展前景的系统。

近年来，地源热泵空调系统在我国得到越来越广泛的应用，生产厂家也由过去的小企业发展成为大中型企业，如山东贝莱特空调有限公司，于2001年成立，到2004年就已经发展到占地1200亩，拥有15条生产线，年产值近15亿元的大型企业。

地源热泵对地源热的利用通常有如下几种方式：

土壤埋管：将机组的换热管埋入地下土壤中，通过埋管实现机组与土壤的热交换。这种方式需要的埋管面积大，投资高，施工复杂。

地下水：直接利用地下水带走机组的冷凝热（或向蒸发器供热）。这种方式换热直接，效率也高，安装施工简单，对地下水位不低的系统投资不大，但首先要取得水文地质部门的勘探资料取得水量、水温和水质方面的数据，所吸取的地下水应全部回灌，并确保回灌水不得对地下水资源造成污染。

直接换热式：将机组的冷凝器（或蒸发器）埋入土壤，实现机组与土壤的热交换。

地源机组类型较多，按压缩机类型分有涡旋式、活塞式和螺杆式；按提供热媒的温度高低分有普通型和高温型。

以山东贝莱特生产的地源热泵空调机组为例介绍如下：

单台机组容量：130～1320kW；

压缩机：意大利莱复康压缩机，能量12.5%～100%无级可调；

水温：

夏季　7/12℃；

冬季　普通型 ~55℃，高温型 ~65℃；

工质：普通型 R22，高温型 R134a；

设计温差：10℃；

控制系统：西门子控制系统；

能效比（二次）：4.3~5.8。

（四）溴化锂吸收式冷水机组的特性

1. 溴化锂吸收式冷水机组的优、缺点

溴化锂吸收式冷水机组是利用水在高真空度状态的低沸点蒸发吸收热量而达到制冷目的的制冷设备。溴化锂水溶液作为吸收剂吸收其蒸发的水蒸气，从而使制冷机连续运转形成制冷循环。

溴化锂吸收式冷水机组一般可分为蒸汽型、直燃型和热水型等类型，直燃型包括燃油和燃气两种。它们之间的区别主要在于高压发生器，在高压发生器内吸收水蒸气后变成的溴化锂稀溶液被加热蒸发，浓缩成溴化锂浓溶液，这个过程是吸热过程，其热源可以是蒸汽、热水，也可以是直接在高压发生器内燃烧燃料（如油或气）。所以，上述溴化锂冷水机组的分类和命名，主要是根据高压发生器所应用的热源类别而定。

溴化锂吸收式冷水机组的优点是：

（1）耗电非常小，其耗电设备仅有几台小型泵和直燃机的燃烧器，耗电量一般为蒸汽压缩式制冷机的 3%~4%。

（2）不应用氟利昂类制冷剂，制冷剂采用水，对环境无影响，有利于环境保护。

（3）运行平稳，无噪声，无振动。

（4）对于直燃型溴化锂吸收式冷水机组，夏季制冷，冬季还可以制热，也可以同时供冷和供热；除了满足空调冷、热源的要求外，还可以提供其他生活方面的供热，做到了一机多用，从而可以节省占地面积和投资。

不同类型制冷机的运行费与所使用的能源关系极大。蒸汽型冷水机组的蒸汽来源，如果是燃煤锅炉或者是余热、废热时，则制冷成本非常低，是一种价格低廉的冷源。但燃煤蒸汽锅炉往往受到环境保护法规的限制，目前在城市中很少使用，一般都采用油或气作燃料，这样一来燃料的费用要增加数倍，因此直燃型溴化锂吸收式冷水机组的制冷成本主要取决于所采用燃料的市场价格。

溴化锂吸收式冷水机组与蒸气压缩式制冷机相比较，一般体积较大，冷却水系统设备费且水泵电费比较高。溴化锂吸收式冷水机组设备的价格，不同厂家、不同类型有所不同。直燃型溴化锂吸收式冷水机组包括供热功能，所以兼有热源作用，一般价格要高一些。

从能源消耗量而言，与蒸汽压缩式制冷机比较要稍高。以一次能源作比较，离心式冷水机组的 COP 值达 1.5 以上，直燃型溴化锂吸收式冷水机组的 COP 值一般为 1.3 左右。

2. 溴化锂吸收式冷水机组的特性

（1）制冷量与冷水温度的关系：

溴化锂制冷机冷水出口温度降低时，蒸发温度也随之降低，当其他条件不改变时，制冷量随冷水出口温度的降低而减少，随着冷水温度的升高而增大（图 6-6）。在一定范围内，冷水出口温度每升高 1℃，制冷量约提高 4%~7%，同时制冷效率也有所提高，所以单位制冷量的能耗量也随着减少，即 COP 值将会提高。冷水温度过低时，容易引起溴化锂溶液结晶，而当冷水温度高到一定程度时，制冷效率上升趋势逐渐减缓，在空调的运行管理中，根据实际需要，提高冷水出口温度运行是空调节能的一种措施。

(2) 制冷量与冷却水进口温度的关系：

溴化锂冷水机组的制冷量随冷却水进口温度的变化而变化，一般地说，在其他条件不变时，制冷量随着冷却水进口温度的降低而增大，随着冷却水温度的升高而减少（图 6-6），在一定范围内，冷却水温度每升高 1℃，制冷量约下降 5%～7%，总的能耗也有所下降，但单位制冷量的能耗会上升，即 COP 值将会降低。

如果冷却水进口温度不变，冷却水量减少，由于冷却水的平均水温会提高，因此机组的 COP 值也将会降低（图 6-7）。

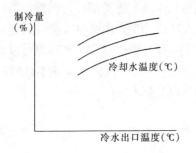

图 6-6　冷水温度与制冷量的关系

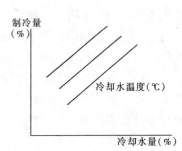

图 6-7　冷却水量与制冷量的关系

(3) 部分制冷负荷时的能耗曲线：

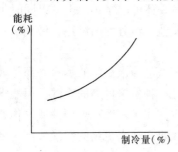

图 6-8　制冷量与能耗的关系

溴化锂冷水机组的制冷量是指满负荷情况下的额定制冷量，当机组处于部分负荷运行时，单位制冷量所消耗的能量会发生变化，在一定范围内，机组的冷负荷降低，单位制冷量的能耗有所下降，如图 6-8 所示。

为了进一步说明溴化锂吸收式冷水机组的性能，下面列举两种产品实例。

【实例 4】　远大直燃型溴化锂冷温水机组

远大直燃型溴化锂冷温水机组可以实现制冷、采暖、卫生热水三种功能，燃料可以是轻油、重油、天燃气、液化石油气、煤气等，采用的燃料品种在定货前应确定，因为不同的燃料所配备的燃烧机有所不同。低压发生器采用外翅片铜管，冷凝器、吸收器采用光面铜管，蒸发器采用麻面铜管，淋水盘、喷嘴、防漂水装置均采用不锈钢板。机组备有抽真空系统，定期启动真空泵，保持机组内的真空度。控制系统采用人工智能的控制系统，即 AI 控制系统，可以反映机组内主要控制点的温度、液位、压力等参数，留有外部循环水泵、油泵、冷却塔的接口，以实现系统联动。根据用户需要可以配备串行通信接口（RS232 或 RS485）、继电器输入/输出等多种楼宇自动化接口。

机组性能：制冷量——116～9304kW

耗油指标——0.068kg/kW

空调冷冻水额定供、回水温度——7/12℃

空调冷却水额定供、回水温度——32/37.5℃

卫生热水额定供、回水温度——60/44℃

【实例5】 江阴双良蒸汽型溴化锂冷水机组

江阴双良蒸汽型溴化锂冷水机组有 0.4MPa、0.6MPa、0.8MPa 几种蒸汽压力类型，用户可根据汽源情况定货。机组备有抽真空系统，定期启动真空泵，保持机组内的真空度。运行中可以根据不同工况自动调整浓溶液浓度与冷剂水量，防止浓溶液结晶，冷却水进水温度在 18～34℃ 之间均可正常运转。控制系统采用 MMI 智能化控制系统，通过操作界面显示机组运行状态，机组内主要控制点的温度、液位、压力等参数。

机组性能：制冷量——230-4650kW

耗蒸汽指标——1.25kg/kW（0.8MPa）

1.30kg/kW（0.6MPa）

1.39kg/kW（0.4MPa）

空调冷冻水额定供、回水温度——7/12℃

空调冷却水额定供、回水温度——32/38℃

二、制冷机房的设计

（一）空调冷源设备的选择

空调冷源可供选择的设备很多，而影响冷源设备选择的因素也很多。因此，选择空调冷源设备时应全面分析、比较不同设备的特点，尤其是要根据工程的具体情况，找出其主要优、缺点，经过技术经济比较后确定。

1. 空调冷水机组的能耗

空调工程中，冷水机组是主要的能耗设备，其能耗量约占整个空调系统能耗的 55%～65%。因此，空调冷水机组的能耗是设备选型的重要因素。表 6-5 是各种空调冷水机组的能耗性能指标。

冷水机组的能耗比较　　　　　　表 6-5

冷水机组类型		动力消耗 (kW/kW)	COP 值	
			二次能	一次能
蒸气压缩式冷水机组	离心式	0.19～0.21	5.4～4.6	1.26
	螺杆式	0.19～0.23	5.4～4.4	1.16
	活塞式	0.24～0.3	4.1～4.3	1.12
	螺杆风冷式	0.28～0.34	3.1～3.33	1.2/1.1
	活塞风冷式	0.31～0.37	3.2～2.7	1.4/1.0
溴化锂吸收式冷水机	燃油直燃机	0.068～0.077		1.22/0.93
	燃气直燃机			1.22/0.93
	蒸汽双效			1.11

2. 空调冷冻水泵和冷却水泵的能耗

空调冷冻水泵和冷却水泵的能耗与空调冷水机组的性能有着密切的关系。水泵的功率主要取决于蒸发器和冷凝器所要求的水量和水流阻力。对空调冷冻水泵而言，空调供、回水温度差一般取 5℃，当冷水机组制冷量一定时，冷冻水泵的水量是一定的，不同的是不同类型的冷水机组其蒸发器的阻力不同，阻力越大，冷冻水泵消耗的功率越大。对冷却水泵而言，溴化锂吸收式冷水机组的散热量比较大，需要的冷却水流量也比较大，因此许多产品通过提高冷却水的进、出口温差以减少冷却水流量，但此时也增大了冷却塔的填料量和动力消耗。

空调冷负荷变化时，对于固定转速的水泵调节性能比较差，即在部分负荷运行时，水泵的能耗指标比较差，从水泵的能耗看，实际上也反映了冷水机组性能和质量上的差别。

3．空调冷水机组部分负荷下的特性

空调冷负荷变化时，也要求冷水机组进行负荷调节。冷水机组部分负荷运行时的能耗和制冷效率代表了冷水机组的重要性能，也是工程设计中的重要依据，因为在实际使用中冷水机组长期处于部分负荷状况下运行，因此，冷水机组部分负荷运行时的能耗指标对冷水机组运行中的节能有着十分重要的作用，在选择冷水机组时，需要进行动态的能耗分析。

4．冷水机组的运行管理和使用寿命

空调冷水机组是价格昂贵的重要设备，要求运行管理方便，故障率小，使用寿命长。

5．环境保护要求

选择冷水机组所说的环境问题是指对大气同温层臭氧层的破坏和全球气候变暖，这是两个国际性的环境问题。目前，制冷剂正处于一个替换的过程中，替代制冷剂 R134a 和 R123 以及 R22 不论是热力性能还是对环境的要求，按照国际协议，在一个相当长的时期内是可以使用的，只是要根据工程具体情况进行考虑。

6．噪声和振动

冷水机组的噪声和振动往往成为有些工程机型选择的重要因素。比如，设在居民宿舍区时，对环境的噪声要求非常严格，应该着重考虑噪声对周围环境的影响；当机组设在大楼屋面，如采用风冷热泵机组时，还应该考虑机组振动的影响等。

7．冷水机组自动化程度

冷水机组应配置有完善的控制装置，以便于操作和维修保养。一般机组均设有微机控制系统，能显示和设定机组运行中的各种参数，例如冷水进出口温度、冷却水进出口温度、供油压力、蒸发温度和冷凝温度等。机组控制系统还应有自动调节和安全保护功能，如冷负荷的自动调节，电机电流、电压过高和过低，冷凝器高压，蒸发器低温等保护措施。

8．设备价格

空调冷水机组的选择，既要考虑到设备的先进、优质，又要考虑到价格合理能为业主所接受。

蒸气压缩式制冷和溴化锂吸收式制冷是两种不同的类型，又是使用不同动力的制冷设备，可比性相对来说要差一些。在设备选择时，需要进行多方面的分析和比较，甚至包括用户使用情况的调查。在电力资源丰富、电价便宜的地区，可以优先选用以电力为驱动力的蒸气压缩式制冷设备。在蒸气压缩式制冷设备中，离心式冷水机组的制冷能力大，能耗较低，对于空调冷负荷大的工程应优先选用。活塞式冷水机组单机制冷量比较小，单位制冷量的能耗比较大，维修工作量也因其运动部件多而相应比较大，但由于其设备构造简单,价格也比较便宜,因此对于小型工程,仍被广泛使用。螺杆式冷水机组结构简单,操作简便,维修工作量比较小,耗电指标也比较低,有些厂家的产品也已接近离心式冷水机组的耗电指标,单台机组制冷量小型机组在300kW左右,大型机组可达1500kW以上,有些厂家将多台压缩机组装成一台冷水机组,制冷量可达2000kW左右,因而螺杆式冷水机组在实际工程中的适用范围也比较广。在有些工程设计中,为了便于冷负荷的调节,常采用大、小机型配合选型的方案,比如,选择大容量的离心式冷水机组和小容量的螺杆式冷水机组匹配,当冷负荷很小时,运行螺杆式冷水机组,一方面保持机组在高效率下运行,同时也可以避免离心式冷水机组在低负荷下运行时发生喘振的可能性。

溴化锂吸收式冷水机组是利用热能为动力,耗电能很少,在缺少电力的地区可优先选用。它可以缓解该地区在用电高峰期间供电紧张的问题。在有廉价的油、气资源或余热热源的条件下,应优先考虑选用溴化锂吸收式冷水机组。在有燃煤蒸汽锅炉供热的条件下,应优先考虑采用蒸汽溴化锂吸收式冷水机组。因为蒸汽供热高峰负荷在冬季,而在夏季供冷期间,蒸汽负荷比较富余,其制冷成本比较低廉。直燃机是溴化锂吸收式冷水机组的一种,可以实现一机多用(供冷、供热和卫生热水),而且占地面积比较小,在空调热源设计存在一定困难(如建筑面积紧张)时,可考虑选用直燃机方案。

(二)冷水机组的数量

空调制冷机设备一般不考虑备用,冷水机组台数的选择首先要考虑到供冷的可靠性,不宜选择单台机组。对于单台制冷机组的制冷站,一旦冷水机组出现故障时空调系统会停止供冷,这样一来会影响空调系统的使用。如果空调负荷很小或受制冷机房面积所限时,可以考虑选用多机头的冷水机组,当机组中的一台压缩机出现故障时还可以实现部分供冷。为了便于运行管理和节约投资,冷水机组的数量不宜多于4台,因此空调冷水机组的台数宜选用2~4台为宜。对于特大型工程,根据技术经济比较后,可适当增加制冷机的台数。

为了便于操作、维修,一般应选用同一种型号的设备,有时为了方便冷负荷的调节,选用型号及规格不同的冷水机组也得到了一些使用单位的认可,但其类型不可太多。

(三)制冷机房位置的选择

在工程设计中,制冷机房通常选择的位置有:

1. 单独设置制冷机房

把制冷机房设置在一栋专门的建筑内,对设备的安装、运行都非常好,尤其便于大型设备的运输、吊装,可以按照工艺要求进行设计,受建筑条件限制比较小,一般配置比较合理,通风、采光条件也很好。但是,在城市建筑物稠密的环境中往往很难实现,一般建设方不愿用宝贵的场地专门来建制冷站。在建设单独的制冷站时,应防止冷水机组、水泵和冷却塔等设备的噪声影响周围环境。

2. 高层建筑的地下室

在高层建筑的地下室设置制冷机房的方案十分普遍,许多工程都将制冷站设在地下一层、二层甚至三层。地下室设置制冷站的最大优点是不占用价格昂贵且利用价值高的地面建筑,防止了设备噪声对周围环境的影响;其缺点是地下室潮湿,通风条件差,大型设备的运输吊装比较困难。设备配置时,往往要迁就已有的建筑外形,燃油、燃气型直燃机房由于消防安全要求,一般不允许设在地下二层或地下二层以下,以便于火灾时的人员疏散。对于溴化锂吸收式冷水机组由于其体形较大，对机房的高度要求相应提高，同时还要设有必要的消防措施。

3. 高层建筑的设备层或避难层

高层建筑一般都设计有设备层，有些工程由于建筑面积紧张或为了减少机组蒸发器的承压，将制冷机房设置在设备层。制冷机房设置在设备层时，要注意两个问题，一是大型设备的高空吊装，二是防止噪声、振动对周围环境的影响。

4. 高层建筑的屋顶

制冷机房设在屋顶，一般是采用风冷型机组或超高层建筑水系统从分区考虑分设制冷机房时，作为高区的制冷机房。

（四）制冷机房设计

制冷机房内的主要设备有：冷水机组、冷水泵、冷却水泵、冷却塔、分集水器及动力配电箱等。对于大、中型制冷机房尤其是溴化锂制冷机房，制冷主机与水泵宜分开布置，避免噪声的相互影响。设备的配置应考虑工艺流程合理，管道走向清晰，避免管道往返布置，节省管材。设备的配置要考虑到运行管理、操作维修方便，设备与建筑、设备与设备之间应保证必要的距离，一般来说要满足以下要求：

(1) 冷水机组与墙壁、冷水机组之间的主要通道，净距离不宜小于 1.5m，非主要通道不应小于 1.2m。

(2) 冷水机组的前面或后面距墙壁的距离应根据设备资料的要求，留出设备维修空间，例如清洗传热管或抽管（可利用门窗孔洞）。

(3) 设备上部空间，除考虑管道安装空间外还应考虑通风条件的要求。一般离心式冷水机组机房高度不宜低于 4.5m，梁底净高不宜小于 3.8m；溴化锂冷水机组机房高度不宜小于 5.0m，并应有良好的通风排热。

(4) 水泵与建筑物墙壁之间、水泵与水泵之间，除管道之外的净距离不应小于 0.6m，主要操作面净距离不应小于 1.2m。

(5) 分、集水器宜靠墙布置，中心标高约 0.6~0.7m，分、集水器上的阀门中心标高为 1.0~1.2m。

为了便于操作管理，一般在冷水机组的前方设有操作控制室，对于较大型的制冷机房应设置相应的辅助用房，如维修间、库房、卫生间等。在制冷机房内，水泵及阀门处容易漏水，在漏水可能性较大的地方应采取措施，如设排水沟等。

【例】 空调冷负荷 $Q_1 = 2000$kW，热负荷 $Q_r = 1600$kW，设计空调制冷机房，机房设在地下一层。

制冷站供冷量 Q 按下式计算：$Q = k_1 k_2 Q_1$（kW）

式中 k_1、k_2 分别为冷损失系数和安全系数，取 $k_1 = 1.05$，$k_2 = 1.1$

则：$Q = 1.05 \times 1.1 \times 2000 = 2310$kW

根据供冷量，选择两台冷水机组，对蒸气压缩制冷和直燃式冷水机组两方案进行比较。

方案一——螺杆式冷水机组两台；单台制冷量 1163kW，主要性能如下：

制冷量——1163kW

输入功率——230kW

冷水量——200t/h

冷却水量——250t/h

蒸发器水压降——80kPa

冷凝器水压降——50kPa

冷水进、出口温度——12/7℃

冷却水进、出口温度——32/37℃

方案二——直燃式溴化锂冷温水机组两台，单台制冷量1163kW，主要性能如下：

制冷量——1163kW

燃油消耗量（0号轻柴油）——88kg/h

冷水量——200t/h

冷却水量——320t/h

蒸发器水压降——100kPa

冷凝器水压降——100kPa

冷水进、出口温度——12/7℃

冷却水进、出口温度——32/37.5℃

主要辅助设备性能见表6-6：

主要辅助设备性能表　　　　　　　　　　　　　　表6-6

方案	名　称	性　能　参　数	数量	备注
方案一	空调水循环泵	$L=200t/h$, $H=32m$, $N=30kW$	2台	
	冷却水循环泵	$L=275t/h$, $H=24m$, $N=30kW$	2台	
	冷却塔	$L=300t/h$, $N=7.5kW$	2台	
	燃油热水机组	$Q=900kW$, $N=2kW$	2台	
方案二	空调水循环泵	$L=200t/h$, $H=32m$, $N=30kW$	2台	
	冷却水循环泵	$L=350t/h$, $H=30m$, $N=45kW$	2台	
	冷却塔	$L=400t/h$, $N=11kW$	2台	

方案二采用直燃式溴化锂冷温水机组在冬季可以实现空调供热和卫生热水供应，不需另外设计热源。方案一则增加了燃油热水锅炉房，供热量$Q_r=1600kW$。两方案的投资、运行等方面比较见表6-7、表6-8。

基建投资比较表　　　　　　　　　　　　　　表6-7

序号	项目名称	方案一	方案二
1	冷水机组	162万元	260万元
2	空调水循环泵	4.4万元	4.4万元
3	冷却水循环泵	5万元	6万元
4	冷却塔	24万元	28万元
5	锅炉房	50万元	—
6	变、配电	30万元	8万元
7	土建机房费用	32.4万元	27万元
8	其他材料费用	156万元	178万元

能源消耗比较表 表6-8

耗能项目		方案一	方案二
电能消耗	冷水机组	460kW	20kW
	空调水循环泵	60kW	60kW
	冷却水循环泵	60kW	90kW
	冷却塔	15kW	22kW
	锅炉房、油泵	6.2kW	2.2kW
油耗	直燃机	—	176kg
	燃油热水锅炉	174kg	—

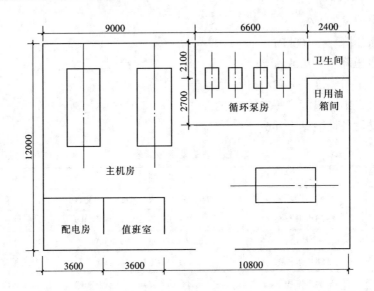

图6-9 螺杆冷水机组方案平面布置图

a. 基建投资比较

方案一：基建投资463.8万元

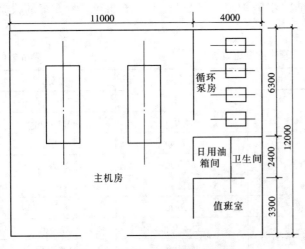

图6-10 直燃机方案平面布置图

方案二：基建投资511.4万元

b. 能源消耗比较

制冷工况下，方案一总耗电量为601.2kW；方案二为194.2kW；总耗油量，方案一为0，方案二为176kg/h。制热工况下，方案一总耗电量为36.2kW，方案二总耗电量为36.2kW；方案一总耗油量为174kg/h，方案二总耗油量为176kg/h。

c. 能耗费用

按电费0.87元/(kWh)、0号柴油价格3.2元/kg计算，制冷工况下,方案一最大小时的运行费用为523元,方案二的最大小时的运行费用为659元。

d. 部分负荷运行特性

从产品样本资料求得的冷水机组部分负荷时的特性显示直燃机略优于螺杆式冷水机组。见图6-11。

e. 机房平面

两方案机房平面见图6-9、图6-10。

比较结果:

(1) 工程投资,方案一比方案二省。

(2) 从能耗及能耗费用上看,方案一比方案二要低。

(3) 从噪声、振动及机房占地上看,直燃机方案要好一些。

(4) 冷水机组部分负荷下的能耗性能,直燃机优于螺杆机(见图6-11),运行时可以节能。但应注意直燃机的冷却水泵能耗要大于螺杆机方案,而水泵在运行中调节的余地不大,实际能耗较多。

(5) 机房面积方案一为216m², 方案二为180m², 方案一占地面积大。

综上所述,本工程推荐选用方案一。

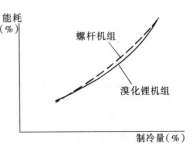

图6-11 冷水机组部分负荷性能图

第二节 暖通空调热源设备

一、暖通空调热源设备的分类

(1) 按热源介质分可分为蒸汽锅炉和热水锅炉。

(2) 按能源燃料种类可分为燃煤锅炉、燃油锅炉、燃气锅炉、电锅炉和热泵设备。

(3) 按设备承压可分为常压热水锅炉、真空锅炉、承压锅炉。

(4) 按热源的来源可分为自备热源、城市供热、工厂余热和废热等。

二、暖通空调热源设备原理及性能

冬季空调供热介质一般为55~60℃的热水,可供选择的热源设备很多,设计时应根据工程的具体情况,经过全面分析比较,并符合国家安全、环保以及能源政策的要求。

(一) 蒸汽锅炉热源

蒸汽锅炉又分为压力锅炉和低压锅炉。承压低于0.07MPa的蒸汽锅炉在暖通空调供热中属于低压锅炉,一般不受压力容器类相关规范规程的约束。承压高于0.07MPa的蒸汽锅炉属压力容器,应当遵守蒸汽锅炉监察规程的规定,空调热源所选择的蒸汽锅炉一般是压力容器。

当选用蒸汽锅炉作热源时,需要进行二次换热,将蒸汽通过热交换器加热空调循环水,其工艺流程见图6-12。

供热用蒸汽锅炉供给的饱和蒸汽,其压力一般为0.2~0.8MPa,经过汽-水换热器换热后成为凝结水,经疏水器排出。为了防止高压蒸汽凝结排出时产生的二次蒸汽,一般应通

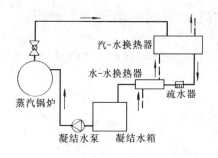

图 6-12 蒸汽锅炉房工艺流程简图

过水-水换热器，将凝结水过冷，然后排至凝结水箱，再由水泵送回到锅炉房。空调回水先经过水-水换热器预热后，进入汽-水换热器被加热后成为空调供水供各用户使用。

蒸汽锅炉可以是燃煤锅炉，也可以是燃油、燃气锅炉。从环保角度而言，燃煤锅炉污染严重，尤其是在城市里，使用受到很大的限制。燃油、燃气锅炉能满足环保要求，但燃料价格比较贵，蒸汽成本也比较高。另外，蒸汽锅炉房属于压力容器，在锅炉房地址选择时，应严格遵守有关安全规程、规范，而且还要满足消防安全的要求。

（二）常压热水锅炉

常压热水锅炉是指锅炉在运行时所承受的压力相当于大气压，即锅炉本体不承受压力，而空调供水是通过二次换热进行加热，空调循环水可以按设计要求承受不同力，与锅炉本体无关。常压热水锅炉通常可分为内置式换热器和外置式换热器两类。内置式换热常压热水锅炉的原理见图 6-13 所示，燃料与空气混合经燃烧机喷嘴进入炉膛燃烧，产生高温烟气，高温烟气经换热管与水换热后经排烟口排出，锅炉本体内装满水，水的损失从锅炉补水箱供给。补水箱设有水位控制器（电信号液位控制器或浮球阀）保持一定水位，水箱与大气相通，因而锅炉本体承压为常压。锅炉本体内的水被称为一次水，水温一般为 95℃。空调循环水通过设在锅炉本体内一次水中的内置换热器进行热交换，被加热至所需要的温度。

内置换热器常压热水锅炉结构紧凑、安全可靠，而且安装使用都很方便。如果有两种不同水温要求的用户时（如空调循环水和卫生热水），锅炉内可以设置两组内置换热器来分别满足要求。内置换热器的缺点是换热效率比较低，因为一次水是在自然对流状态下进行传热的，二次水的水温受换热面积和水温差的限制不能太高，一般空调供水的水温为 60℃左右，卫生热水供水水温为 60℃左右。在目前的工程实际中，内置换热器常压热水锅炉是常用的空调热源设备。

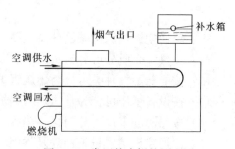

图 6-13 常压热水锅炉原理图

外置换热器常压热水锅炉与内置换热器常压热水锅炉的不同之处在于将锅炉本体内的内置换热器设在锅炉本体外面，一次水通过水泵循环，经外置换热器换热。其原理见图 6-14。

有些厂家将外置式换热器附设在锅炉本体上面，由于炉体内的一次水是机械循环，热交换器的效率比较高，运行安全可靠。当有两种不同水温要求的用户时，可以设两组外置式换热器，而且在热负荷比较大时可以选用多台热水锅炉并联，共用外置换热器，运行调节方便灵活。外置换热器常压热水锅炉的缺点是其一次水设有循环水泵，需要耗电和维护，不如内置式换热器简单。

（三）真空热水锅炉

真空热水锅炉在我国是近几年才得到推广应用的，一般为燃油或燃气锅炉。

真空热水锅炉的燃烧系统和传热系统与常压热水锅炉基本相同，锅炉内只装部分水，上部留出一定的蒸汽空间，并在此空间内设置有内置式换热器用以加热空调循环水。其原理见图6-15。

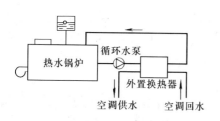

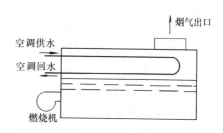

图6-14 热水锅炉外置换热器原理图

图6-15 真空热水锅炉房原理

真空热水锅炉的锅炉本体内保持真空，在燃烧机燃烧供热时，热媒水在真空中蒸发变成蒸汽，炉膛内真空度随着蒸汽压力的升高而下降，当热媒水蒸汽温度达到94℃左右时，真空度保持在200Pa，此时利用锅炉内的内置换热器加热空调循环水，所以锅炉内的真空度最高时为1013Pa，最低时为200Pa，随着温度的变化而变化，锅炉本体也处于负压下工作，运行安全可靠。

真空热水锅炉炉内水容积小，热水供应启动速度快，炉内充水可用软水或纯水，不结垢、无腐蚀，在蒸汽介质下，换热管的传热效率比较高，但需要设置一套真空装置。锅炉内的水容积比较小，相应的其热容量也比较小。

（四）承压热水锅炉

锅炉本体可以承受压力，锅炉生产出的热媒不必经过二次换热直接供用户。锅炉所承受的压力可以随用户要求而定。承压热水锅炉属于压力容器，受《锅炉监察规程》的监督。

承压热水锅炉可以提供较高温度的热水，多用于采暖地区的高温热水采暖、城市供热等。

三、锅炉房设计

（一）暖通空调热源设备的选择

选择锅炉设备时，应考虑到国家的能源政策、环保要求、安全操作，并结合工程具体情况，经过技术经济比较后确定。

1. 燃料的确定

锅炉常用的燃料有煤、燃料油、燃气和电等。

燃煤锅炉的主要问题在于对环境污染严重，在煤的燃烧过程中，会产生二氧化硫和烟尘等有害物质，是目前大气污染的主要有害物。因此，在城市范围内以及对环境保护要求比较高的地区，不应选用煤作为锅炉燃料。燃煤锅炉房占地面积比较大，需要煤场和渣场，在煤和渣的运输过程中也对环境产生污染。另外，燃煤锅炉的劳动强度大，工作环境差。但煤是一种廉价的燃料，热能成本很低，因此在一些对环境要求不十分严格的地区仍然被广泛使用。

燃油、燃气锅炉目前在城市里应用广泛，它对环境的污染比较轻微，工人劳动强度小，锅炉房占地面积小，燃料运输和储存容易。因此往往可以把锅炉房设置在高层建筑的地下室内，可减少锅炉房的占地面积，但是燃料油和燃气的价格比较高，运行费用比煤要高。

目前，电锅炉应用很少，只是在供热容量小时才被考虑使用。虽然电热锅炉具有使用方便等特点，但由于我国目前电力供应紧张和电价较贵，一般用户难以承受其高昂的运行费用，而且从能源利用的角度看，用电锅炉供热是不经济的，因而目前仅在少数特定的情况下使用。相比之下，同样用电制热的热泵制热效率远高于电锅炉供热，因此，风冷热泵型冷水机组在夏季供冷、冬季供热是一种很有发展前景的设备。

2. 供热热媒及其压力的选择

热媒的选择主要是根据用户情况而定。对于蒸汽用户的供热系统，理所当然地应选择蒸汽锅炉。当采用热水采暖或空调供热而且有其他的蒸汽用户时，可以选用蒸汽锅炉，采暖和空调所需要的热水采用热交换设备制取。如果蒸汽用户的用量很小，为了安全考虑，也可以根据负荷情况分别选择蒸汽锅炉和供热用热水锅炉，这样一来可以减少蒸汽锅炉的容量。当锅炉房设置在高层建筑的地下室时，应优先考虑选用常压热水锅炉或真空热水锅炉，如果工程要求选用蒸汽锅炉时，则应满足相关的规范要求。当锅炉房单独设置，锅炉房的总图布置又能满足有关防火、防爆的要求时，是选用承压锅炉还是选择常压锅炉应根据工程的具体情况，进行比较后确定。

（二）锅炉房的位置选择

锅炉房的位置应符合建筑设计防火规范的要求，根据规范分类，锅炉房属于火灾危险性丁类的生产厂房。单独锅炉房的防火间距应按规范所规定的防火间距执行。空调锅炉房往往设在城市建筑群中间，而且要求使用燃油或燃气等清洁能源的锅炉，所以安全问题是十分突出的问题。《高层民用建筑设计防火规范》规定，燃油、燃气的锅炉房宜设在高层建筑外的

城镇燃气压力（表压）分级　　　表 6-9

名　　　称		压力（MPa）
高压燃气管道	A	$0.8 \leq p \leq 0.6$
	B	$0.4 \leq p \leq 0.8$
中压燃气管道	A	$0.2 \leq p \leq 0.4$
	B	$0.005 \leq p \leq 0.2$
低压燃气管道		$p \leq 0.005$

专用房间内，当受条件限制必须布置在高层建筑或裙房内时，其锅炉的总蒸发量不应超过6t/h，且单台锅炉蒸发量不应超过2t/h，并不应布置在人员密集的场所的上一层、下一层或贴邻。从防火的角度而言，无论是蒸汽锅炉、热水锅炉或直燃机，要求应该是一致的。由于蒸汽锅炉和高温热水锅炉具有爆炸危险，规范还规定锅炉房的外墙或屋顶至少应有相当锅炉间占地面积10%的泄压面积即开口面积，同时，还要求锅炉房至少应有两个出口，分别设在两侧。

在规范执行的过程中，由于工程条件不同，往往会遇到一些困难，如高层民用建筑的锅炉房受条件限制需要布置在地下层，又如建筑面积较大，锅炉房的规模超过规范规定的范围。因此，锅炉房的设计必须在规范规定原则下，采取多种安全措施来保证工程的安全。锅炉房是对防火安全要求比较高的，建筑设计文件需要经过有关主管安全部门的同意和批准。

（三）燃气系统的调压

为了保证安全供气和保持给定的供气压力，应通过调压装置来实现不同压力级别管道

之间的连接。

《城镇燃气设计规范》（GB 50028—93）规定，输送燃气的压力分为 5 级，见表 6-9

《锅炉房设计规范》（GB 50041—92）规定锅炉房燃气系统宜采用低压系统（≤5kPa）和中压（5~150kPa）系统，不宜采用高压系统。燃气设备的燃气压力，应按设备生产厂家产品要求确定。

调压站与其他建筑物、构筑物的水平距离应符合表 6-10 的规定。

调压站与建筑物水平距离   表 6-10

建筑形式	入口压力级别	建筑物、构筑物（m）	主要公共建筑（m）
地上单独建筑	高压（A）	10	30
	高压（B）	8	25
	中压（A）	6	25
	中压（B）	6	25
地下室单独建筑	中压（A）	5	25
	中压（B）	5	25

调压装置宜设在地上单独的建筑物内或地下室中单独的箱内，当受到地上条件限制时，可设在地下单独的建筑物内，当自然条件和周围环境许可时，可设在露天，但应设置围墙。

当用气量小，只供给锅炉用气时，锅炉房可以采用单独用户的专用调压装置，并可设置在锅炉房、直燃机房或相邻的建筑物内，但应满足规范的有关要求。

调压器应根据其稳压精度、关闭压力等参数按不同用途进行选择。不同级别调压装置的稳压精度和关闭压力见表 6-11。

调压装置的级别、精度和关闭压力   表 6-11

级别和压力 p	一 级	二 级	三 级
	$p \geqslant 300\text{kPa}$	$300\text{kPa} \geqslant p \geqslant 10\text{kPa}$	$p \geqslant 10\text{kPa}$
稳　　压	±5%	±10%	±15%
关闭压力	≤1.1p	≤1.2p	≤1.25p

调压器应满足进口燃气的最大压力和最小压力的要求；调压器的压力差应根据该装置前供气的最低压力与装置后燃气的设计压力之差值确定。

燃气调压器箱可分为落式调压柜、悬挂式调压箱和地下调压箱。悬挂式调压箱调压器的进口管径不应大于 $DN50$，可安装在用气建筑物的外墙或悬挂于支架上。

单独用户的专用调压箱可设在建筑物相邻专用单层建筑物的平屋顶上和单独、

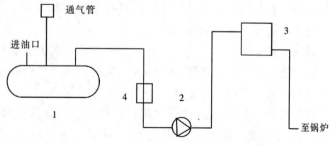

图 6-16　供油系统的工艺流程图
1—贮油罐；2—油泵；3—日用油箱；4—油过滤器

单层建筑的锅炉房或直燃机房内,但应符合有关规范的规定。调压器设在独立、单层锅炉房或直燃机房用气房间内时,应符合以下要求:

(1) 调压器管径不应大于 $DN80$;
(2) 建筑耐火等级不应低于 2 级;
(3) 调压装置除室内设有阀门外,在室外引入口管道上还应设阀门。

(四) 锅炉房的燃油系统

暖通空调热源设备一般采用柴油为燃料,锅炉房室外应该设贮油罐,室内设日用油箱(见图 6-16)。油由输油槽车将油卸至贮油罐,然后,由输油泵送入日用油箱,以备锅炉使用。

根据《高层民用建筑设计防火规范》规定,贮油罐贮油量不应超过 $15m^3$,当贮油罐直埋于高层建筑或裙房附近时,面向油罐的一面 4m 范围内的建筑外墙为防火外墙时,其防火间距可不限,见图 6-17。日用油箱的容积不应大于 $1m^3$,并应存放于同耐火等级不低于二级的单独房间内。

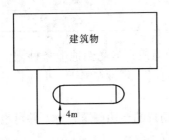

图 6-17 贮油罐布置示意图

输油泵可选用离心泵、齿轮泵或螺杆泵,离心泵没有紧密的磨合面,适用于输送含机械杂质的液体,使用和维护比较简单,油压稳定,泵的体积小,自吸能力较差。齿轮泵和螺杆泵都属于转子泵,适用于输送流量小、压头高的黏性液体,具有自吸能力,连续输送油料时油压稳定,泵的体积小,在暖通空调工程中广泛使用。齿轮泵和螺杆泵的主要缺点是对液体中的固体颗粒很敏感,转子容易受磨损,致使压头和流量降低,因此在泵前必须对液体采取过滤措施,螺杆泵和齿轮泵前过滤网规格为 16~32 目/cm,滤网的流通面积宜为其进口接管截面积的 8~10 倍。

供油泵不应少于两台,并应设备用泵,不带安全阀的容积式供油泵(如螺杆泵和齿轮泵)在其出口的阀门前、靠近油泵处的管段上,必须安装安全阀。

供给锅炉燃烧器的油,一部分经燃烧器喷嘴喷入炉膛内燃烧,还有一部分再回至燃烧前的供油管上或日用油箱内,该部分称为"回油"。回油量一般为喷嘴额定出量的 15%~50%,设计时,应根据产品技术取值。

(五) 锅炉房的燃气系统

暖通空调锅炉使用的气体燃料主要是天燃气,也可使用液化石油气、人工煤气等其他气体燃料。燃气锅炉燃烧的气体燃料具有易爆性和毒性,设计时,应特别注意安全防护,严格遵守有关安全的规程规范。

暖通空调锅炉房燃气管道一般采用单向管,锅炉房燃气管道入口处应设总切断阀,每台锅炉的燃气管上应设关闭阀和快速切断阀,每个燃烧器前的供气之管上,应设手动关闭阀,该阀后再串联两个电磁阀(一般锅炉产品配备)。

燃气管道上应该设放散管、取样口和吹扫口。其位置应能满足将管道内的燃气和空气吹干净的要求。放散管应引至室外高空,排放燃气时,不要影响周围建筑物的安全。

第三节 热交换设备

热交换设备是暖通空调工程中常用的设备,用于将不同温度的热媒之间进行热能的转换,如用高温热水或蒸汽加热低温水。对热交换设备的要求是传热效率高,体积小,结构简单和节省金属耗量,维修保养方便,阻力小等。

热交换器根据热媒的种类可分为汽-水换热器、水-水换热器;根据热交换方式可分为表面式热交换器和直接式热交换器。表面式热交换器是加热热媒与被加热热媒不直接接触,通过金属表面间接进行热交换;直接式热交换器是两种热媒直接混合达到热能转换的目的。

热交换设备的选型计算,主要是根据热媒的参数和热交换设备的特性计算其传热面积。热交换设备的传热面积按下式计算:

$$F = kQ / (aK\Delta t)$$

式中　F——热交换器的传热面积,m^2;

　　　Q——空气冷却或加热量,W;

　　　Δt——对数平均温差,℃;

　　　k——安全系数;

　　　a——污垢系数,对汽-水换热器取 $a = 0.85 \sim 0.9$;

　　　　　对水-水换热器取 $a = 0.7 \sim 0.8$。

热交换设备的类型比较多,尤其是近年来出现了许多新产品,选择方法大同小异,下面介绍在空调设计中用得比较多的换热器。

(1) 壳管式汽-水换热器通常做成卧式,壳体内设有两组列管,被加热水从入口进入,通过列管被蒸汽加热后从出口流出。蒸汽进入热交换器后在列管外放出热量后凝结成水从凝结水出口排出,如图6-18所示。

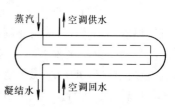

图6-18　壳管式汽-水换热器

壳管式换热器结构简单,造价低,制作方便,运行可靠,维修方便。由于壳管式换热器结构为卧式,所以占地面积较大,布置机房时还要考虑清洗传热列管的因素。

(2) 浮动盘管式热交换器采用浮动盘管结构,在换热过程中,盘管在管内蒸汽流动的作用下,产生振动,从而破坏管外流体的层流状态,提高了传热效率。另外,由于盘管为悬臂结构,自由端因热胀冷缩作用而伸缩,可在一定程度上防止管壁结垢。

浮动盘管式热交换器传热效率比较高,结构紧凑,占地面积小,运输、安装都十分方便。

(3) 板式换热器是一种新型高效换热器,一般总传热系数达2500~5000W/($m^2 \cdot$℃),最高可达7000W/($m^2 \cdot$℃),比壳管式换热器高3~5倍。板式换热器结构上采用波纹金属板为换热片,垫片为优质合成橡胶制成的密封元件。板片和垫片按所需要的流程和面积组合,加端板、螺杆夹紧,构成板式换热器。由于波纹板片形成的通道为波纹状,流体沿着通道流动,其方向不断改变,能在低速下也能形成湍流,强化了传热效果,所以板式换热器的传热效率非常高。

板式换热器的特点是结构紧凑、体积小,拆洗方便,承压能力高。另外,板式换热器还有一个突出的特点是能够在小温差下传热,因而也广泛用于空调冷水系统竖向分区时的换热设备。

第四节 蓄热(冷)空调系统

目前,全国各地供电系统都不同程度地存在用电负荷不均匀,高峰负荷时用电负荷大,系统峰、谷差大,电网负荷率低等情况。为了缓解高峰负荷时供电紧张,充分利用低谷时的剩余电力,提高电网负荷率,降低供电成本,电业部门相继制定了一系列用电政策和峰、谷分时计价措施,鼓励用户在低谷时段用电,以经济手段推动电力"削峰填谷"的实现。空调用电负荷的特点是耗电量大、用电时间集中,因此,空调系统利用用电低谷时段蓄能,转移用电高峰时段的负荷,对平衡电网负荷、缓解高峰负荷用电紧张的问题具有很大的潜力。空调工程的蓄能技术就是在这样的条件下发展起来的。

一、空调冰蓄冷系统设计

(一)冰蓄冷系统流程

冰蓄冷系统就是利用供电低谷时的低价电制冰并蓄存起来,供用电高峰时段空调系统供冷用的系统。冰蓄冷系统一般可以分为并联系统和串联系统两种形式,系统的选择首先要考虑冷负荷的特点,如在供电低谷蓄冷时段还需不需要正常的供冷?供冷量有多少?例如宾馆建筑,基本上全天24小时都需要供冷,由于夜间主要是蓄冷时段,制冷机处于制冰的低温工况运行,如果要保证夜间空调正常供冷有两种办法,一是将制冰用的低温溶液通过换热器提供7℃的水供空调用,由于制冷机蒸发温度比较低,运行效率也比较低,如果夜间空调冷负荷比较大时,这种方式运行是不经济的;另外一种方式是单独设置制冷机,直接供应7℃的冷水用于空调,这种用途的冷水机组被称为基载冷水机组,如果夜间冷负荷比较少,设置基载冷水机组不经济时,就不必设基载冷水机组。

1. 并联系统

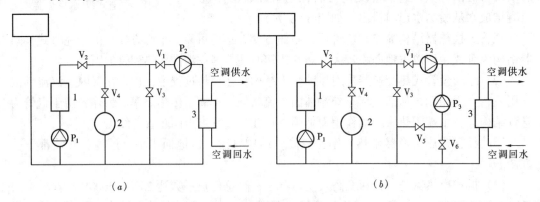

图 6-19 并联原理图

1—制冷机;2—蓄冰槽;3—换热器;P_1、P_2、P_3—水泵;$V_1 \sim V_6$—阀门

并联系统由两部分组成,一部分为蓄冷部分,由于制冷载体温度低于0℃,载体一般选用乙二醇水溶液,即乙二醇溶液系统,可进行蓄冷和供冷;另一部分为空调水系统,低

温乙二醇溶液通过换热器冷却空调水系统。

图 6-19（a）和（b）中，板式换热器 3 左侧为乙二醇系统，系统内充满乙二醇溶液，乙二醇溶液的凝固点比较低，利用 0℃ 以下的乙二醇水溶液冷却蓄冰槽中的介质水并使其结冰。板式换热器右侧为空调水系统，向空调系统供冷时，低温乙二醇溶液通过板式换热器冷却空调供水。

蓄冰状态下，阀门 V_1、V_3、V_5、V_6 关闭，制冷机和水泵 P_1 开启，制冷机供液温度在 −5℃ 左右，回液温度在 −1.7℃ 左右，蓄冰槽中介质水结冰冻结。

供冷状态下，可以有三种模式，以图 6-19（a）为例：

（1）制冷机单独供冷：阀门 V_1、V_2 开启，其余阀门关闭，制冷机 1、水泵 P_1 和 P_2 运行，制冷机供、回液温度在 5.5/10.5℃ 左右，通过板式换热器换热满足空调供、回水温度 7/12℃ 的要求。

（2）蓄冰槽单独供冷：阀门 V_2、V_3 关闭，V_1、V_4 开启，制冷机 1 和水泵 P_1 停止工作，P_2 运行。蓄冰槽融冰，低温乙二醇通过板式换热器冷冻空调冷冻水。

（3）制冷机与蓄冰槽联合供冷：除阀门 V_3 供调节用外，其他阀门全开，制冷机、水泵全部工作。蓄冰槽融冰与制冷机同时供冷。

图 6-19（b）中，系统增设了供冷泵 P_3 和阀门 V_5、V_6，可以调节供冷量及供液温度。

2. 串联系统

串联系统主要是指制冷机与蓄冰槽串联布置，当蓄冰槽单独供冷而制冷机不工作时，乙二醇液体也会通过制冷机，见图 6-20。这种系统水泵数量少，控制较为方便，但是水泵扬程要高一些。串联系统有制冷机"上游"和"下游"之分，制冷机相对于蓄冰槽位置，布置在前面的称之为主机上游系统，反之称为主机下游系统。上游系统在联合供冷时，乙二醇回液先经过主机，主机出液温度高些，主机可以提高蒸发温度运行，主机下游系统中，乙二醇溶液先经过蓄冰装置，主机进液温度低一些，因此，一般来说主机上游系统的制冷效率要高一些。

图 6-20 为主机上游系统，板式换热器左侧环路为乙二醇系统，右侧环路为空调水系统。蓄冰时阀门 V_2 关闭，V_4 开启，制冷机和水泵 P_1 工作。

串联系统与并联系统一样，可以有三种供冷模式，以图 6-20（a）为例：

（1）制冷机单独供冷：阀门 V_2 开启，V_1、V_4 关闭，制冷机和水泵 P_1 工作。

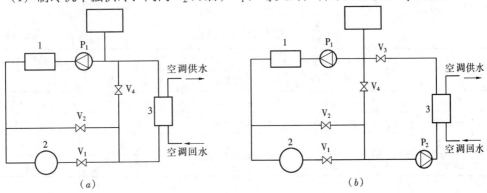

图 6-20 主机上游串联原理图

1—制冷机；2—蓄冰槽；3—换热器；P_1、P_2—水泵；$V_1 \sim V_4$—阀门

(2) 蓄冰槽单独供冷：阀门 V_1 开启，V_2、V_4 关闭，水泵 P_1 工作，制冷机不运行。

(3) 制冷机与蓄冰槽联合供冷：阀门 V_1 开启，V_4 关闭，V_2 作调节用。

图 6-20（b）系统中，增设了水泵 P_2 和阀门 V_3。在蓄冰槽单独供冷时水泵 P_2 运行，P_1 不运行；在联合供冷时，开启阀门 V_1、V_2，调节 V_3、V_4，制冷机与水泵 P_1、P_2 同时工作。

图 6-21 为主机下游串联系统，板式换热器下方为乙二醇系统，上方为空调水系统。主机下游串联系统的运行模式如下：

(1) 蓄冰状态：阀门 V_1 开，V_2、V_3、V_4 关闭，制冷机及水泵 P_1 运行。

(2) 制冷机单独供冷：阀门 V_2、V_3 开，V_1 关闭，V_4 调节，制冷机及水泵 P_1 运行。

(3) 蓄冰槽单独供冷：阀门 V_1、V_3 开，V_2、V_4 关闭，制冷机不运行，水泵 P_1 运行。

(4) 制冷机与蓄冰槽联合供冷：阀门 V_1、V_3 开，V_2、V_4 关闭，制冷机及水泵 P_1 运行。

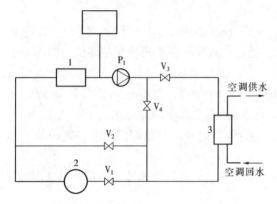

图 6-21 主机下游串联原理图
1—制冷机；2—蓄冰槽；3—换热器；
P_1—水泵；$V_1 \sim V_4$—阀门

主机下游串联系统从乙二醇的流向看，制冷机入口乙二醇是先经过蓄冰槽，温度较低，因此，制冷机蒸发温度较低，制冷系数较低。

冰蓄冷系统的形式，应根据建筑物的负荷特点、规律和蓄冰装置的特性等因素确定，当要求提供较低的水温或较大的水温差时，宜选串联系统，反之宜采用并联系统。

（二）蓄冷设备的性能和选择

1. 制冷机

空调蓄冰系统选用的冷水机组需要满足空调工况和蓄冰工况的要求，通常称之为双工况制冷机，可供选择的类型有活塞式、螺杆式和多级离心式冷水机组，其制冷量范围和性能见表 6-12。

双工况制冷机性能表　　　　　　　　　　表 6-12

制冷机类型	单机制冷量（空调工况 kW）	制冷系数（COP）		最低供冷温度（℃）
		空调工况	蓄冰工况	
活塞式	52~1060	4.1~5.4	2.9~3.9	-10~-12
螺杆式	350~7000	4.1~5.4	2.9~3.9	-7~-12
离心式	350~8500	5.0~5.9	3.5~4.1	-4~-6
涡旋式	<210	4.1~3.1	2.9~2.7	-9

2. 蓄冰设备

在蓄冰空调中的制冰方式有静态制冰方式和动态制冰方式。静态制冰方式，即在冷却管外或盛冰容器内结冰，冰本身始终处于相对静止状态。这一类制冰方式包括冰盘管式、封装式等多种具体形式。动态制冰方式，制冰过程中有冰晶、冰浆生成，且冰晶、冰浆处于运动状态。这里主要介绍静态制冰方式的蓄冰设备。

蓄冰设备目前主要有两大类：盘管式蓄冰装置和封装式蓄冰装置。

(1) 盘管式蓄冰装置：

盘管式蓄冷装置是由水槽和沉浸在水槽中的盘管构成的一种蓄冰设备，其蓄冰过程如下：载冷剂（一般是质量浓度25%的乙二醇水溶液）或制冷剂（直接蒸发）在盘管内循环流动吸收盘管外水槽中水的热量，在盘管外表面形成冰层。

融冰过程有内融冰和外融冰两种方式：

外融冰——空调回水送入结有冰层盘管外面的水槽中，使盘管表面的冰层与水直接接触自外向内逐渐融化，故称之为外融冰。由于空调回水直接与冰接触，换热效果好，取冷快，为了使外融冰系统能快速融冰，蓄冰槽的蓄冰空间应小于50%，因此蓄冰槽容积大，但由于盘管外表面结冰冰层不均匀，容易形成水流死角，同时也会造成融冰死角。

图 6-22 蛇形盘管

内融冰——融冰时，盘管内流动的载冷剂或制冷剂温度较高，通过盘管表面由内向外融化，故称之为内融冰。由于冰层自内向外融化时，盘管表面与冰层之间形成薄薄的水膜，导致传热系数降低，仅为冰层的25%左右，从而影响取冷速率。

目前，常用的盘管式蓄冰装置有三种类型：

1) 蛇形盘管。其构造如图 6-22，盘管为钢制，外表面热镀锌。盘管置于蓄冰水槽内，蓄冰水槽槽体材料可以采用钢、玻璃钢或钢筋混凝土，槽体要求保温。此种盘管蓄冰装置可以是外融冰，也可以是内融冰。当采用外融冰时，为了融冰均匀，可以在冰盘下部设置压缩空气搅拌，蓄冰槽与盘管的组装参见图 6-23。

2) 圆形盘管（螺旋管式）。其构造

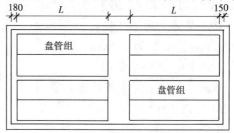

图 6-23 盘管与蓄冰槽的组装

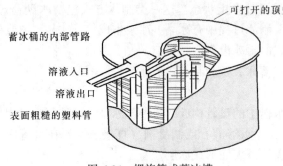

图 6-24 螺旋管式蓄冰槽

如图 6-24 所示,盘管采用聚乙烯制作,管外径为 16 和 19mm。由于管径较细,管间距离较小,设计冰层厚度较薄,盘管的相对换热面积较大,并做成整体式蓄冰筒,融冰方式为内融冰。

3) U 形盘管。其结构形式见图 6-25,盘管由高温的石蜡脂喷射成型,每片盘管由 200 根外径为 6.35mm 的中空管组成。管两端与直径 50mm 的集管相联。盘管置于钢制或玻璃钢制的槽内组成整体蓄冰槽,融冰方式为内融冰。

目前,常用的盘管式蓄冰装置的主要性能参数列于表 6-13。

常用的盘管式蓄冰装置的主要性能参数　　表 6-13

制 造 商	美国 B.A.C 公司	美国 CLMAC 公司	美国 FAFCO 公司
盘管形式	蛇 形	圆 形	U 形
材料	钢 制	塑 料	塑 料
管道外径（mm）	26.67	16	6.35
冰层厚度（mm）	≤30	≤12	≤10
蓄冰槽体积 [m^3/(RTh)]	0.078	0.063	0.061
乙二醇溶液量 [kg/(RTh)]	4.10	3.60	2.20
冰/水体积	0.048	0.038	0.038
流动阻力（m 水柱）	≤7.5	≤11.5	≤7.5
蓄冰装置重量 [kg/(RTh)]	9.0	4.36	5.81

(2) 封装式蓄冰装置:

蓄冷介质装在球形或板形小容器内,分别称之为冰球或冰板。将冰球或冰板堆放在密封容器或开式槽体内,使之组成封装式蓄冰装置。如图 6-26 所示,载冷剂在冰球或冰板外流动,冰球或冰板内装水,蓄冰时,载冷剂将冰球内的水冷却并冻结,融冰时,高温载冷剂加热冰球或冰板内的冰,使其融解。

常见的封装式蓄冰装置有以下几种:

1) 冰球　冰球封装式蓄冷装置以法国 CZAT 公司和深圳中亚特公司产品为例,冰球壳体为硬质塑料,外径为 95mm 或 77mm,壁厚为 1.5mm,球内装水,预留 9% 的空隙供膨胀用。

2) 冰板　冰板封装式蓄冰装置以美国 REACTION 公司为例,空心冰板的外形尺寸为 812mm × 304mm × 44.5mm,由高密度聚乙烯制成。

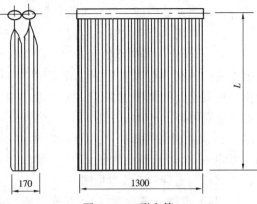

图 6-25 U 形盘管

3) 蕊芯摺囊式冰球 蕊芯摺囊式冰球为台湾产品，蕊芯摺囊由高弹性、高强度聚乙烯制成，摺囊有利于防止膨胀和收缩，两侧设有空心金属蕊芯，一方面增强了热交换，同时可以起配重作用。冰球直径 130mm，长度 242mm，球内充 95% 的水和 5% 的添加剂，以促进冻结。每 1000 个蕊芯摺囊式冰球的蓄冷量为 58.85RTh。

(3) 蓄冰装置的特性：

蓄冰装置，不论是冰盘管还是冰球

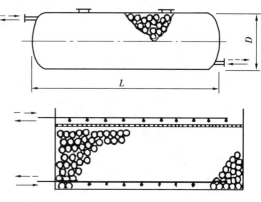

图 6-26 封装式蓄冰槽

都是换热设备，与一般换热器的不同之处在于其换热同时存在有冻结或融冰的相变过程。蓄冰过程中，结冰厚度与载冷剂温度、时间有关；融冰取冷过程中，取冷流体的温度与取冷流体的流量、取冷量有关。因此，在选择蓄冰装置时，应充分了解蓄冰装置的特性。

1) 冰盘管。其蓄冰特性见图 6-27，该图是在载冷剂等流量供给冰盘管时，蓄冰温度与时间的关系。上面的曲线对应的结冰时间为 12h，下面为 8h。

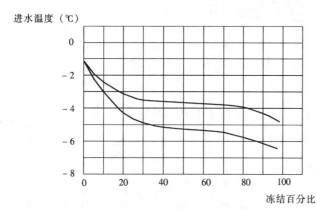

图 6-27 冰盘管蓄冰设备的蓄冰特性

一般蓄冰结冰时间为 8~12h，供回水（液）温差约 3℃，蓄冰平均温度为 −3.5~−5.5℃，从图中可以看出，结冰时间为 12h，进水温度要求维持在 −5℃ 左右，当结冰时间为 8h 时，进水温度应保持在 −6℃ 以下。

融冰过程与空调系统的负荷特点有关，能否满足空调系统的逐时负荷要求，在很大程度上取决于蓄冰装置的取冷能力和调节方法。图 6-28 为某冰盘管进口水温、出口水温与时间的关系，给出了在一定进出水温条件下，某型号冰盘管的融冰特性。从图中可以看出，当进水温度一定（10℃）时，出水温度越高，在一定时间内的总取冷量就越大，反之取冷量越小。

从图 6-29 可以看出，当进水温度一定，流量越小，出水温度越低，如果要求出水温度一定，则要求随着取冷时间逐渐调整流量才能实现。

2) 冰球。冰球的结冰过程与冰盘管不同，因为水封装在球内，结冰从冰球内壁开始进行逐渐向内。影响冰球蓄冷的因素与冰盘管基本相同，即载冷剂温度和流量。

图 6-30 给出了相同的供水温度和不同单位体积流量冰球的蓄冰过程，图 (a) 为载冷剂供、回水温度与时间的变化曲线，图 (b) 为总蓄冷比例随时间变化的曲线。图 6-30 (a) 中，蓄冷开始时，载冷剂温度约 10℃，经过 2h 左右，载冷剂回水温度降低至 0℃ 以

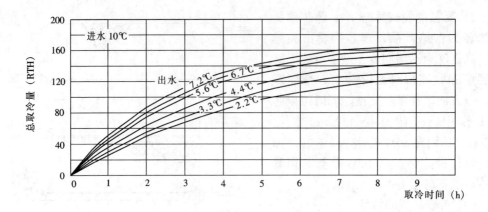

图 6-28 盘管式蓄冰装置在定温差时的融冰特性

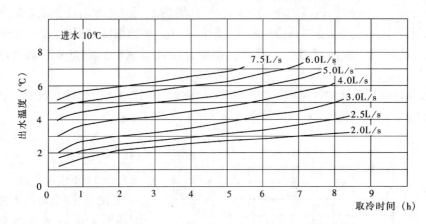

图 6-29 盘管式蓄冰装置在定流量时的融冰特性

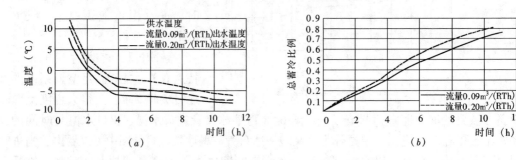

图 6-30 冰球蓄冰过程特性曲线图
(a) 蓄冷过程温度变化情况；(b) 蓄冷过程蓄冷比例变化情况

下，冰球内的水开始结冰，在结冰过程中供、回水温度变化不大，当冰球结冰接近完成时，载冷剂回水温度下降，供、回水温度差减小。

冰球融冰过程与蓄冰过程相同，影响融冰取冷的因素是载冷剂的进水温度和单位蓄冰槽体积的载冷流量。

图 6-31 (a) 表示载冷剂温度随取冷时间变化的趋势，图 6-31 (b) 表示总取冷比例与取冷时间的相对关系。冰球外的空间充满载冷剂，充液量大，可以利用的显热量比较

大，蓄冷槽进水温度高，随着蓄冰槽内蓄冷量的减少，取冷速率迅速降低，取冷后期蓄冷量减少，从而迅速提高出水温度，而取冷中期主要是融冰取冷，蓄冰槽内传热比较稳定。所以，在取冷初期和取冷末期，载冷剂出水温度变化比较大，而取冷中期出水温度变化不大。

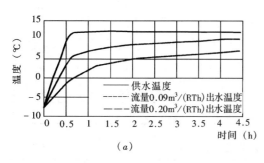 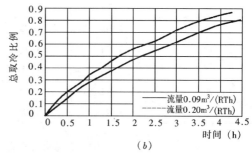

图 6-31 蓄水槽取冷过程曲线
(a) 取冷过程温度变化情况；(b) 取冷过程取冷比例变化情况

(4) 载冷剂与乙二醇的性质：

蓄冰系统对载冷剂的要求是溶液的凝固点温度应比蓄冰设备制冰时的蒸发温度低 4~8℃，沸点温度高于系统的最高温度，物理化学性质稳定，比热大，密度小，黏度低，安全符合环保要求，价格便宜。乙二醇溶液的凝固点和沸点随溶液浓度的不同而变化，当其质量浓度在 25% 左右时，可以满足冰蓄冷系统的要求。

冰蓄冷系统所使用的载冷剂一般是乙二醇水溶液，乙二醇 $[C_2H_4(OH)_2]$ 是无色、无味的液体，挥发性低，腐蚀性弱，凝固点低。表 6-14 为不同浓度下乙二醇的凝固温度。

乙二醇溶液浓度与凝固温度的关系 表 6-14

乙二醇	质量浓度（%）	5	10	15	20	25	30	35	40	45
	体积浓度（%）	4.4	8.9	13.6	18.1	22.9	27.7	32.6	37.5	42.5
凝固点温度（℃）		-1.4	-3.2	-5.4	-7.8	-10.7	-14.1	-17.9	-22.3	-27.5

乙二醇水溶液的浓度，应根据蓄冷系统的最低运行温度确定，例如蓄冰时间为 8h，载冷剂进蓄冰槽的温度为 -6.5℃ 时，乙二醇的质量浓度为 20% 即可，此时溶液凝固点温度为 -7.8℃。考虑到制冷机组的安全运行，乙二醇的凝固温度应低于最低运行温度 3~4℃，可以选择质量浓度为 25% 的乙二醇溶液，凝固温度为 -10.7℃。

乙二醇水溶液的比热、相对密度、黏度与水有所差别，在流量和管道计算时应进行修正。乙二醇水溶液的比热、相对密度、黏度分别见表 6-15、表 6-16、表 6-17。

乙二醇水溶液的比热 [kJ/(kg·K)] 表 6-15

温度（℃）	体 积 浓 度（%）				
	10	20	30	40	50
-20				3.334	3.126
-15				3.351	3.145
-10			3.56	3.367	3.165

续表

温度（℃）	体 积 浓 度 （%）				
	10	20	30	40	50
-5		3.757	3.574	3.384	3.184
0	3.979	3.769	3.589	3.401	3.203
5	3.946	3.78	3.603	3.418	3.223
10	3.954	3.792	3.617	3.435	3.232
15	3.963	3.803	3.631	3.451	3.261
20	3.972	3.815	3.645	3.468	3.281
25	3.981	3.826	3.66	3.485	3.30

乙二醇水溶液的相对密度（kg/m³）　　　　　表 6-16

温 度（℃）	体 积 浓 度 （%）				
	10	20	30	40	50
-20				1071.98	1086.87
-15				1070.87	1085.61
-10			1054.31	1069.63	1084.22
-5		1036.85	1053.11	1069.63	1084.22
0	1018.73	1035.67	1051.78	1066.21	1081.08
5	1017.57	1034.36	1050.33	1065.21	1079.33
10	1016.28	1032.94	1048.76	1063.49	1077.46
15	1014.87	1031.39	1047.07	1061.65	1075.46
20	1013.34	1029.72	1045.25	1059.68	1073.35
25	1011.69	1027.73	1049.32	1057.60	1071.11

乙二醇水溶液的黏度（MPa·s）　　　　　表 6-17

温 度（℃）	体 积 浓 度 （%）				
	10	20	30	40	50
-20				15.75	22.07
-15				11.74	16.53
-10			6.19	9.06	12.74
-5		3.65	5.30	7.18	10.05
0	2.08	3.02	4.15	5.83	8.09
5	1.79	2.54	3.48	4.82	6.63
10	1.56	2.18	2.95	4.04	5.50
15	1.37	1.89	2.53	3.44	4.63
20	1.21	1.65	2.20	2.96	3.94
25	1.08	1.46	1.92	2.57	3.39

乙二醇溶液对普通金属的腐蚀性比水低，但呈弱酸性，乙二醇可与锌发生化学反应，因此乙二醇水溶液管道不应采用镀锌钢管。一般使用乙二醇时，溶液中需要加入添加剂，一种是防腐剂，阻止金属腐蚀，另外一种是加稳定剂，保持溶液呈弱碱性。

(5) 乙二醇系统的计算：

1) 乙二醇循环流量计算

乙二醇溶液循环流量按下式计算：

$$G = 3600Q/[(T_c - T_j)C]$$

式中　G——乙二醇循环流量，t/h；

　　　Q——小时平均蓄冷量，kW；

　　　T_c——制冷机出口溶液温度，℃；

　　　T_j——制冷机进口溶液温度，℃；

　　　C——乙二醇溶液比热，kJ/(kg·℃)。

2) 管道水力计算

乙二醇水溶液的黏度和相对密度均大于水，管道水力计算可按水的计算方法，然后进行修正。图6-32是不同质量浓度乙二醇水溶液的管道阻力与水阻力相比的修正系数。

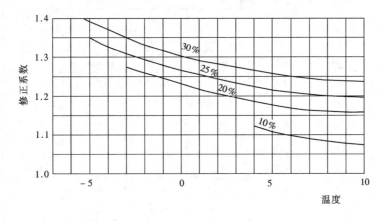

图 6-32　阻力修正系数

(三) 系统设计方法

1. 典型设计日冷负荷

常规空调系统是根据建筑物小时最大冷负荷确定冷水机组的容量，而蓄能空调系统需要根据典型设计日的冷负荷、逐时冷负荷分布和运行策略（全负荷蓄冷或部分负荷蓄冷）来进行设计。因此，冰蓄冷设计时，需要计算出典型设计日的冷负荷和负荷逐时分布情况。

典型设计日冷负荷计算与常规空调系统一样，需要计算在夏季室外空调计算参数下建筑物的冷负荷，由于在一天内室外气象参数的变化、太阳辐射热的影响以及建筑使用功能的特点等，小时空调冷负荷是不断变化的，计算逐时空调冷负荷和典型设计日冷负荷，一般采用系数法或平均法。

(1) 系数法。系数法是将空调设计负荷（峰值负荷）乘以各小时的负荷系数，求得各小时的冷负荷，从而计算出典型设计日冷负荷。

负荷系数是根据许多因素综合统计出来的，不同类型建筑有不同的冷负荷系数。表6-18列出了部分建筑功能的冷负荷系数，供设计选用参考。

逐时冷负荷系数　　　　　　　　　表6-18

时间	写字楼	宾馆	商场	餐厅	咖啡厅	夜总会	保龄球
1:00		0.16					
2:00		0.16					
3:00		0.25					
4:00		0.25					
5:00		0.25					
6:00		0.50					
7:00	0.31	0.59					
8:00	0.43	0.67	0.40	0.34	0.32		
9:00	0.70	0.67	0.50	0.40	0.37		
10:00	0.89	0.75	0.76	0.54	0.48		0.30
11:00	0.91	0.84	0.80	0.72	0.70		0.38
12:00	0.86	0.90	0.88	0.91	0.86	0.40	0.48
13:00	0.86	1.00	0.94	1.00	0.97	0.40	0.62
14:00	0.89	1.00	0.96	0.98	1.00	0.40	0.76
15:00	1.00	0.92	1.00	0.86	1.00	0.41	0.80
16:00	1.00	0.84	0.96	0.72	0.96	0.47	0.84
17:00	0.90	0.84	0.85	0.62	0.87	0.60	0.84
18:00	0.57	0.74	0.80	0.61	0.81	0.76	0.86
19:00	0.31	0.74	0.64	0.65	0.75	0.89	0.93
20:00	0.22	0.50	0.50	0.69	0.65	1.00	1.00
21:00	0.18	0.50	0.40	0.61	0.48	0.92	0.98
22:00	0.18	0.33				0.87	0.85
23:00		0.16				0.78	0.48
24:00		0.16				0.71	0.30

(2) 平均法。此法是典型设计日空调冷负荷等于日平均负荷乘以空调小时数。典型设计日空调冷负荷按下式计算：

$$Q = n \times Q_p$$

其中，
$$Q_p = m \times Q_{max}$$

式中　Q——典型设计日空调冷负荷，kW；

　　　Q_p——日平均冷负荷，kW；

　　　Q_{max}——峰值小时负荷，kW；

　　　n——日空调运行小时数；

　　　m——平均负荷系数，一般取0.65~0.85。

设计冷负荷（峰值小时负荷）在缺乏计算条件时可根据工程特点，按负荷指标选取。在工程设计的施工图阶段，设计冷负荷应根据工程设计条件进行计算。

2. 蓄冰模式与运行策略

蓄冰模式一般可分为全负荷蓄冰和部分负荷蓄冰。

(1) 全负荷蓄冰，即设计日非蓄冷时段的空调总负荷全部由蓄冰装置供给，在冰蓄冷工程中，此类方案制冷主机和蓄冰装置的容量最大、初投资最大、占地面积也大。由于全部空调负荷利用供电低谷时段的电价进行制冷，因此运行费用最少。该蓄冰模式主要适用于空调冷负荷集中且使用时间短的工程，一般不宜采用。

全负荷蓄冰的运行策略和空调负荷分布见图6-33。

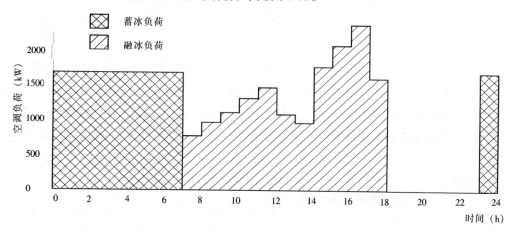

图 6-33 全负荷蓄冰空调负荷分布图

全负荷蓄冰冷水机组的容量按下式计算：

$$Q_1 = Q/(T \times \eta)$$

式中 Q_1——冷水机组的容量，kW；
Q——非蓄冷时段内全天的空调负荷，kW·h；
T——蓄冷小时数；
η——冷水机组运行工况修正系数，即冷水机组制冰工况的制冷量与空调工况的制冷量的比值，一般对螺杆式冷水机组取0.7，活塞式冷水机组取0.65。

全负荷蓄冰的储冰量按下式计算：

$$Q_b = Q_1 \times T \times \eta$$

式中 Q_b——储冰量，kW·h。

(2) 部分负荷蓄冰，即设计日非蓄冷时段的空调负荷一部分由蓄冰装置供给，另一部分由制冷主机运行供给。冰蓄冷装置的蓄冷量一般为设计日非蓄冷时段空调总负荷的30%~50%左右。在实际运行过程中，随着空调负荷的降低，蓄冷负荷所占的比例会不断增加，直至达到全负荷蓄冷。

部分负荷蓄冷，制冷主机在蓄冷时段和空调运行时段全部工作，制冷机容量比较小，技术经济比较合理，负荷分布见图6-34。

部分负荷蓄冰的运行策略有主机优先和融冰优先两种。

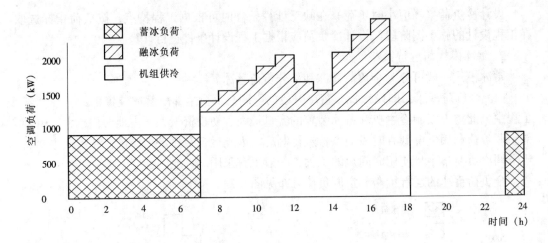

图 6-34 部分负荷蓄冰空调负荷分布图

主机优先就是使制冷机满负荷供冷,当空调负荷大于制冷机的供冷能力时,才使用贮冰供冷,补充其不足部分,这种运行策略实施简单,运行可靠,而且主机容量小。缺点是贮冰装置使用率较低,不能有效地削减峰值用电。主机优先运行时,制冷机容量按下式计算:

$$Q_1 = Q/(t + T \times \eta)$$

式中　t——制冷机直接供冷时间,h。

储冰量按下式计算:

$$Q_b = Q_1 \times T \times \eta$$

融冰优先就是尽量发挥蓄冰装置的供冷能力,只有在蓄冰装置不能满足空调负荷的要求时才启用制冷机组供冷。这种运行策略实施较为复杂,有时难以保证下午冷负荷高峰时的要求,也可能在供电高峰期蓄冰装置没有冰量,需要开启制冷机供冷,这将提高运行费用。融冰优先制度下制冷机容量按下式计算:

$$Q_1 = Q_f/(t + T \times \eta)$$

式中　Q_f——日高峰负荷,kW。

储冰量按下式计算:

$$Q_b = Q_1 \times T \times \eta$$

融冰优先运行策略是根据不同的电价政策,充分发挥蓄冰装置的作用,尽量减少运行费用。在实际工程中,空调冷负荷是在不断变化的,绝大部分时间都处于部分负荷工况下工作,当空调冷负荷减少时,系统的蓄冰率会随之增加,直至全负荷蓄冰。因此,融冰优先系统,如果管理经验丰富,融冰负荷控制准确,运行是比较经济的。

3. 制冷机组的选择

空调蓄冰冷水机组需要满足空调工况和蓄冰工况的要求,通常称为双工况冷水机组。可供选择的机型有活塞机、螺杆机和多级压缩离心机。在制冰工况下,制冷机的蒸发温度降低,制冷效率较空调工况下降。如果冷水机组的产品性能是在空调工况下标定的,在用于蓄冰工况时,冷水机组需要进行修正,一般螺杆机组的工况修正系数取 0.7,活塞机取 0.65。

在空调工况下，采用质量浓度为25%～30%的乙二醇水溶液为载冷剂时，其制冷量比以水为载冷剂时下降约3%，空调供水温度每降低1℃，活塞机和离心机的制冷量降低约3%，螺杆机降低约2.6%。另外，融冰时间一般在夜间，由于夜间室外空气干、湿球温度比白天低，有利于冷却水冷却，可提高制冷机的制冷效率。

4. 蓄冰装置的选择

蓄冰装置的选择可按以下程序进行：

(1) 确定蓄冰系统的形式；

(2) 确定典型设计日空调峰值小时负荷；

(3) 确定制冷机和蓄冰槽的进、出口温度及载冷剂的流量；

(4) 根据逐时所需取冷量及空调供、回水温度，计算蓄冰槽逐时进、出水温度；

(5) 根据所选的蓄冰槽形式及可能的取冷量计算所需要的蓄冰槽的型号、规格及数量；

(6) 校核所选定的蓄冰装置是否能满足逐时所需取冷量和取冷供水温度的要求。

封装式蓄冰装置（冰球、冰板、蕊芯冰球等）要求制冰温度较低，一般不低于－7℃，而取冷初期允许取冷率较大，在取冷过程中取冷水温不稳定，将会越来越高，因而取冷系统宜设计成并联系统。内融冰式融冰装置（蛇形、圆形、U形盘管）的制冰温度不宜低于－6℃，虽然取冷率平均比较小，但取冷过程比较稳定，取冷系统可以设计为串联或并联系统。外融冰式蓄冰装置（蛇形金属盘管）的制冰温度不宜低于－6℃，可采用制冷剂直接蒸发制冰，取冷水温较低而且比较稳定，取冷系统宜设计为串联系统。

【例】　某写字楼，建筑面积为16000m²，工作时间为8:00～18:00，低谷电价时间为23:00～次日7:00，共8h，该地区电价如下：

尖峰时段　　　　　18:00～22:00　　　　电价0.78元/度

高峰时段　　　　　7:00～18:00　　　　 电价0.70元/度

低谷时段　　　　　23:00～次日7:00　　 电价0.23元/度

(1) 确定空调冷负荷。空调设计冷负荷为1760kW（15:00～16:00），逐时冷负荷计算见下表：

时　　间	负荷系数	逐时冷负荷（kW）	备　　注
8:00～9:00	0.43	756.8	
9:00～10:00	0.70	1232	
10:00～11:00	0.89	1566.4	
11:00～12:00	0.91	1601.6	
12:00～13:00	0.86	1513.6	
13:00～14:00	0.86	1513.6	
14:00～15:00	0.89	1566.4	
15:00～16:00	1.00	1760	
16:00～17:00	1.00	1760	
17:00～18:00	0.96	1689.6	
总计（10h）		14960	

(2) 蓄冰模式选择。采用部分蓄冰模式时，冷水机组运行时间长，容量小，蓄冰装置容量小，投资费用低，但运行费比全蓄冰模式高。对于空调运行时间长的写字楼，采用部分负荷蓄冰是比较合理的。本例采用部分蓄冰模式，蓄冰率取0.4。

(3) 系统流程选择。主机上游串联系统，回水流经主机，主机可在较高的温度下运行，冷水机组运行效率较高，有利于降低能耗，本例选择主机上游串联系统。

(4) 运行模式选择。本例选用冷水机组优先的运行模式，冷水机组满负荷运行，机组利用率高，投资比较省。

(5) 冷水机组容量确定。根据主机优先的运行模式，冷水机组容量按下式确定：

$$Q_1 = \varphi Q/(t + T \times \eta) = (0.4 \times 14960)/(8 + 8 \times 0.68) = 445.2 \text{kW}$$

$$Q_b = Q_1 \times T \times \eta = 445.2 \times 8 \times 0.68 = 2422 \text{kW} \cdot \text{h}$$

选择双工况双机头螺杆式冷水机组一台，制冷量 516kW。

(6) 蓄冰装置选择：

$$\text{蓄冰量} \; Q_b = 1.05 \times 2422 = 2543 \text{kW} \cdot \text{h}$$

空调供、回水温度 7/12℃

冷水机组供、回水温度 5.6/10.6℃

冷水机组蓄冰供、回水温度 −5/−1.6℃

选择 −200 型盘管式蓄冰装置：潜热储量 704（kW·h）

储冰装置数量 n：$n = 2543/704 = 3.6$，取 4 台

(四) 冰蓄冷系统的控制

冰蓄冷空调系统存在有蓄冰状态、融冰状态及多种运行模式，为了使空调系统达到设计效果和经济运行，应该设置必要的控制措施。

冰蓄冷空调系统主要控制功能如下：

(1) 冷水机组的启、停控制

(2) 冷水机组的故障报警

(3) 乙二醇水溶液泵启、停控制及故障报警

(4) 冷水泵和冷却水泵启、停控制及故障报警

(5) 冷却塔风机启、停控制及故障报警

(6) 乙二醇供、回水温度的控制

(7) 冷水和冷却水供、回水温度监测

(8) 蓄冰槽进、出口液温监测

(9) 冷水机组、各类水泵、板式换热器的进、出口压力监测

(10) 冷水机组制冷量及制冷效率监测

(11) 蓄冰槽取冷量的监测

(12) 存冰量显示

(13) 各时段的用电计量

控制可采用手动控制或自动控制，为了提高控制的准确性和管理水平，一般采用自动控制方式，同时可以切换为手动方式。控制方式和装备水平应根据工程的具体情况和特点确定。

部分负荷蓄冰系统在控制各种参数转换工况的基础上，主要应解决制冷机和蓄冰装置与供冷负荷的分配问题。在满足空调供冷要求的前提下，充分发挥蓄冰装置的作用。

制冷机优先运行模式下，蓄冰装置只是作为补充制冷机供冷量的不足部分，虽然控制简单，运行可靠，但当室外空气温度降低时，空调冷负荷减少，蓄冰装置供冷量也随之减

少，蓄冰装置没有充分发挥作用，运行不够经济。蓄冰槽优先，蓄冰装置充分发挥作用，但应使蓄冰槽供冷优先用于供电尖峰负荷时段，避免制冷机组在尖峰时段工作。比如供电尖峰时段一般出现在 18:00～23:00，如果在此时段内，蓄冰槽的冷量用完，则制冷机将要在尖峰时段工作，运行不经济。因此要对空调冷负荷进行预测，控制比较复杂。

优化控制是根据电价政策，充分发挥制冷机和蓄冰装置各自的运行优势来满足空调冷负荷的要求。合理的利用蓄冰槽蓄冷，才能发挥蓄冰系统的经济性。例如，当室外空气温度降低时，空调冷负荷减少，蓄冰供冷的比例会逐渐加大，当空调冷负荷小于蓄冷负荷时，蓄冰系统转换成全蓄冷模式。同时，通过空调负荷预测，把蓄冰冷量优先安排在供电尖峰负荷时段使用。可以想象，优化控制可以更为节省运行电费，取得更好的经济效益。

二、空调水蓄冷系统设计

（一）水蓄冷系统及原理

水蓄冷就是利用水蓄冷能力贮存冷量，系统原理见图 6-35。

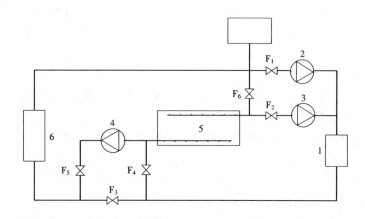

图 6-35 水蓄冷系统原理图
1—制冷机；2、3、4—水泵；5—蓄冷水池；6—空调末端设备

$F_1 \sim F_4$ 为电动蝶阀，F_5 为电动调节阀，F_6 为电动压力调节阀。2 是冷水机组供冷用的水泵，在冷水机组供冷运行时，F_1、F_3 开启，其余阀门全部关闭，水泵 2 和冷水机组运行，水泵 3 和 4 关闭。水泵 3 是蓄冷状态时用的水泵，在蓄冷状态下，F_2、F_4 开启，水泵 3 和冷水机组运行。水泵 4 是取冷时用的水泵，取冷状态时，$F_1 \sim F_4$ 关闭，F_5 和 F_6 进行调节，水泵 4 运行。

这种系统有 4 种运行方式：1——蓄冷；2——冷水机组单独供冷；3——蓄冷水池单独供冷；4——冷水机组和蓄冷水池联合供冷。

上述蓄冷水池为开式低位系统，而空调水系统一般是采用闭式系统，当蓄冷水池单独供冷或与制冷机联合供冷时，需要通过压力调节阀 F_6 进行调节，保持膨胀水箱内的水位高度。因此，系统控制比较复杂，如果蓄冷水池设在屋顶（高位），系统将简化许多。

当建筑物内设有专用的消防水池时，为了减少工程投资，可以利用消防水池蓄冷，其原理见图 6-36。

蓄冷工况：冷水机组和水泵 3、4 运行，F_1、F_4、F_6 关闭；

蓄冷水池单独供冷工况：水泵 2 和 3 运行，F_2、F_5 关闭；

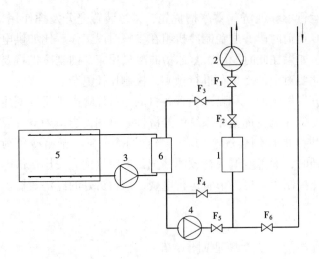

冷水机组直接供冷工况：F_3、F_4、F_5 关闭，水泵 2 运行，水泵 3 和 4 停止运行；

联合供冷工况：F_5 关闭，水泵 4 停止运行，其他阀门全部开启，冷水机组、水泵 2 和 3 运行。

根据图 6-36，消防水池水蓄冷系统运行可靠，系统简单，但蓄冷水经过两次换热，蓄冷效果略差一些。

水蓄冷系统还可以根据工程特点设计出各种不同的系统。

水蓄冷系统简单，投资较少，但由于水的温差受到限制，蓄冷水池往往比较大。

图 6-36 消防水池水蓄冷系统原理图
1—制冷机；2、3、4—水泵；5—蓄冷水池；6—板式换热器

（二）蓄冷水池

蓄冷水池可以用钢筋混凝土、钢板或其他材料制作，外形可以是圆柱形、方形或其他形状。由于蓄水温度较低，水池要求保温。

水的密度与温度有关，温度越低密度越大，但当水温低于 4℃ 时，水温越低，密度越小，直到结冰。因此，水温在 4℃ 左右时密度最大。空调的供、回水温度为 7~12℃，一般蓄冷水温度为 4~6℃。空调回水密度较小，它分布在蓄冷水池的上部，从而形成高、低水温的自然分层：热水在上层，冷水在下层。为了提高蓄冷效率，不希望在蓄冷水池内高、低不同水温的空调供、回水搅在一起，并要求保持不同水温的水竖向分层。因此，需要在水池上部的热水区和下部的冷水区之间保持一个温度剧变层，以此来分隔上部热水区和下部冷水区，防止冷、热水的相互混合。见图 6-37，图中曲线为水温沿水池高 H 的分布情况，h 为温度剧变层，可见温度剧变层越薄越好。

蓄冷水池一般是通过水流分布器向水池上部供水和从下部取水，尽量减少紊流扰乱温度剧变层。蓄冷时，冷水机组来的冷水从下部送入，热水从上部流出；取冷时，冷水从

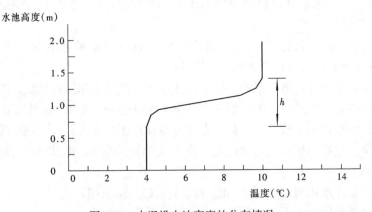

图 6-37 水温沿水池高度的分布情况

下部流出，热水从上部流入。

水流分布器一般是由开孔的圆管构成，水流分布器的布置形状基本与蓄冷水池的形状一致，以保持均匀布水和取水。热水水流分布器布置在水池的上部，管壁开孔向上，冷水水流分布器布置在水池的下部，管壁开孔朝下，孔口出口或进口水流速一般取 0.3～0.6m/s。为了提高蓄冷水池的有效容积，蓄冷水池宜做得高一些，以减少温度剧变层的影响。水池的高径（宽）比一般为 0.25～0.5 为宜。

（三）水蓄冷计算

（1）蓄冷水量

$$G = Q/(860 \times 1000 \times \Delta t)$$

式中　G——蓄冷水量，m^3；

　　　Q——蓄冷量，kW·h；

　　　Δt——蓄冷水池初始温度与最终温度差，℃，一般取 6～10℃。

（2）蓄冷水池容积

$$V = n \times G$$

式中　G——蓄冷水量，m^3；

　　　n——容积有效系数，一般取 1.1～1.3；

　　　V——蓄冷水池容积。

三、蓄热系统设计

目前，暖通空调供热热源一般是建供热锅炉房或采用风冷热泵系统。锅炉房的燃料有煤、燃料油和天然气等，也有少量用电锅炉的用户。随着环境保护和安全要求的不断提高，供热锅炉房在城市建设中往往受到种种条件的限制，采用电锅炉又由于电价较高，增加了运行费用，用户难以承受。目前，许多城市和地区制订了峰、谷用电分时计价，为电锅炉蓄热工程提供了有利条件。

（一）电蓄热系统原理

电蓄热就是利用电热水锅炉在夜间低谷电价时生产热水，用蓄热水箱储存起来供日间高峰电价时段使用，从而降低供热成本。蓄热系统流程见图 6-38。

蓄热工况：F_1 开，F_2 关闭，F_3 调节循环水至锅炉；

蓄热水箱供热工况：F_1 开，F_2 关闭，F_3 调节向系统供热；

锅炉、水箱联合供热：F_1、F_2 开，F_3 调节向系统供热。

蓄热量可分为全负荷蓄热和部分负荷蓄热，全负荷蓄热是将非蓄热时段的空调热负荷全部用蓄热水箱贮存起来，空调时间，电锅炉不运行。显然，这种蓄热方式的电锅炉和蓄热水箱容积都比较大，初投资也比较高，但运行费用低。部分负荷蓄热是将非蓄热时段的热负荷的一部分用蓄热水箱贮存，另一部分由锅炉直接供热。

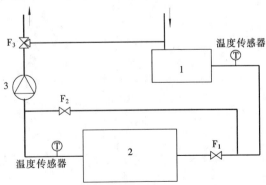

图 6-38　蓄热系统原理图

1—电锅炉；2—蓄热水池；3—水泵；F_1、F_2、F_3—电动调节阀按蓄热参数可分为高温蓄热和低温蓄热。高温蓄热的热水温度高于100℃，单位容积蓄热量大，蓄热水箱要求承压，低温蓄热的热水温度一般为95℃左右，蓄热水箱只承受大气压力，可以为开式水箱。

设计中究竟选用哪种蓄热形式应根据分时电价和设备价格、工程具体情况，经过技术比较后确定。

(二) 蓄热设备计算

1. 全蓄热

电锅炉功率 N

$$N = nQ/(T\eta) \quad (\text{kW})$$

式中　Q——全天热负荷，kW·h；

　　　n——热损失系数；

　　　T——储热时间，h；

　　　η——电锅炉热效率，%。

蓄热水箱容积 V

$$V = nQ/[m \times (t_2 - t_1) \times 1000] \quad (\text{m}^3)$$

式中　m——有效容积系数，一般取 1.1~1.3；

　　　t_2——蓄热水最高温度；

　　　t_1——用户要求的供水最低温度。

2. 部分蓄热

电锅炉功率 N

$$N = nQ/[(T + t)\eta] \quad (\text{kW})$$

式中　t——空调供热时间，h。

蓄热水箱容积 V

$$V = nQ/[m \times (t_2 - t_1) \times 1000] \quad (\text{m}^3)$$

第七章 工业厂房空调系统设计概要

工业厂房的空调系统与民用建筑空调系统有许多不同之处，工业厂房的空调系统对于不同的工艺特点还有不同的具体要求，在本章简要介绍几种常见的工业厂房空调系统空气处理过程和净化空调系统的设计。

第一节 工业厂房空调过程分析

工业生产中，有许多生产工艺过程对生产环境提出了严格的要求，如精密仪器制造工业、纺织工厂、印刷厂及卷烟厂等。为了保证产品的质量，要求厂房内在生产过程中保持一定的温度、相对湿度以及温湿度允许波动范围。另外，如电子、医药等行业，除了对温、湿度有要求外，还对厂房内空气洁净度提出了严格要求。可见工业厂房的空调，主要是要保证生产过程中的产品质量，对环境空气参数要求比较严格，并对可靠性要求比较高。

一、空气处理过程

1. 夏季水-空气表面冷却器空气处理过程

水-空气表面冷却器处理空气，是利用空调冷水，通过表面冷却器对空气进行冷却、除湿处理，空气在 $I-d$ 图上的处理过程见图7-1。

室外空气 w 和室内空气 n 混合至 H 状态，混合空气经表冷器冷却、除湿处理。当房间不产生余湿时，房间空气的热湿比为无穷大。室内空气状态的等湿线与95%相对湿度线的交点 O 即室内空气的露点，也就是室内外混合空气经表冷器处理至室内空气露点，处理后的空气经风机送入室内，由于风机温升，送风空气状态点为 S。

空调设计状态的送风量按下式计算：

$$G = 0.206Q/(h_n - h_s) \tag{7-1}$$

式中　G——送风量，kg/h；
　　　Q——空调房间的冷负荷，kW；
　　　h_n——室内空气状态的焓，kJ/kg；
　　　h_s——送风空气状态的焓，kJ/kg。

空调冷负荷按下式计算：

$$Q = G(h_H - h_o) \times 0.278 \tag{7-2}$$

式中　Q——空调冷负荷，kW；
　　　h_o——空气处理中点的焓，kJ/kg；
　　　h_H——新、回风混合状态空气的焓，kJ/kg。

当空调冷负荷减少、送风量和送风点参数不变时，室内空气温度会降低，要保持室内温度，一般采取以下的方法：

(1) 对空气进行再加热，提高送风温度。

将空气处理至露点后，对空气进行再加热，提高送风温度，这样供给空调房间的冷量减少了，但处理空气所消耗的冷量并没有减少，只是用加热方法抵消冷量，如此冷、热抵消的方法虽然简单、可靠，但很不经济。

(2) 变风量调节房间的供冷量。

当房间冷负荷变化时，送风参数仍然不改变，送风量与冷负荷成正比。因此，当房间冷负荷发生变化时，可通过改变送风量的方法来调节室内空气参数。

调节风量的方法，可通过改变电机变频调速、改变风机转速来改变风量。此法节能效果显著，不

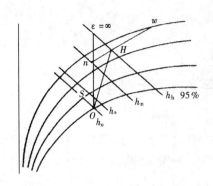

图 7-1 夏季空气处理过程
W—室外空气状态；n—室内空气状态；
H—新回风混合点状态；O—空气处理露
点；s—送风状态点

过需要增加变频装置的投资。

(3) 二次回风调节送风空气参数。

二次回风的空气处理方式是将一部分回风与新风混合，经表冷器冷却至送风空气露点，另一部分回风不经过处理，作为二次回风与处理后的空气混合至送风空气参数。根据冷负荷的变化情况，调节一二次回风量的比例来调节送风温度，见图 7-1，因此，消除了送风再热现象。

对于变化新风和变化一、二次回风量的空调系统，各风阀的执行机构往往是联动的。在调节不同混合比例风量时，容易引起系统的压力损失和风机性能的变化，从而破坏系统的稳定性。

(4) 无露点控制法。

水冷式表冷器采用室内温、湿度的高（低）值选择控制冷水量，可以使处理后的空气直接达到送风状态点附近，减少了变水温控制机器露点方法引起的冷热量抵消的缺点。

无露点控制是通过室内温、湿度调节器的高值或低值选择器进行优化控制，并对加热器或加湿器进行分程控制。根据室内温、湿度的超差情况，将温、湿度调节器的输出信号分别输入到信号选择器内进行比较，选择器根据比较，按高（低）值信号，自动控制调节阀改变进入水冷表冷器的冷水量。一个调节器可通过两个执行器的零位调整进行分段控制，即温度调节器即可以控制表冷器的阀门，也可以控制加热器的阀门，湿度调节器既可控制冷却器的阀门也可控制加湿器的阀门（见图 7-2）。

无露点控制方法适用于室温允许波动范围大于或等于 ±1℃ 和相对湿度允许波动范围大于和等于 ±5% 的空调系统。

2. 夏季淋水室的空气处理方法

空气经淋水室与喷淋水直接接触进行热、湿交

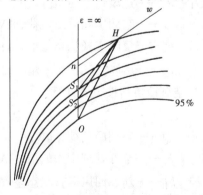

图 7-2 无露点空气处理过程

换，空气的冷却过程与表冷器处理空气基本相同，见图 7-3。ε 为热湿比过程线，室外空气 w 和室内空气 n 混合至 H 点，空气经喷淋冷却去湿至状态 O 点后，再进行加热，与 ε 线相交的点即为送风状态点。

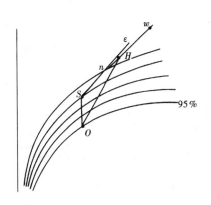

图 7-3 淋水室夏季空气处理过程

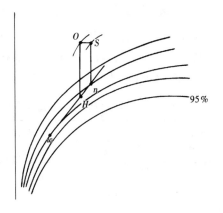

图 7-4 表面加热器空气处理过程

3. 冬季表面加热器的空气处理过程

冬季室外空气温度低，含湿量低，需要经过加热、加湿处理，见图 7-4。室外空气 w 与室内空气 n 混合至 H 状态点，经表面加热器等湿加热至 O 点，然后，经加湿至送风状态点 S。

4. 冬季淋水室空气处理过程

冬季淋水室空气处理装置，加热仍采用表面加热器，只不过加湿是采用喷水装置，见图 7-5。室外空气 w 和室内空气进行混合至 H 状态点，绝热加湿至 O 点，然后加热至送风状态 S 点。

二、空气处理装置

上面叙述了几种典型的空气处理过程，组合式空调机组是采用各种不同功能段组合而成的，组合功能段是根据空气处理过程的需要而选用的。图 7-6 是组合式空调器各个功能段的示意图，根据设计空气处理过程的要求，选择其中某些功能段进行组合，其详细情况将在以后章节介绍。

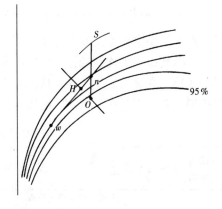

图 7-5 冬季淋水室空气处理过程

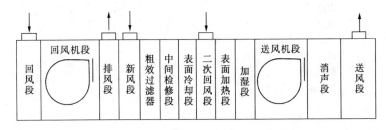

图 7-6 组合式空调器功能段组合图

第二节 空气洁净厂房空调系统设计

一、洁净室级别

不同的生产工艺，对厂房的洁净程度有不同的要求。

根据《洁净厂房设计规范》（GB 50073—2001）规定，洁净室及洁净区内空气中悬浮粒子洁净度等级应按表 7-1 确定。

洁净室及洁净区内空气中悬浮粒子洁净度等级　　　　表 7-1

洁净度等级（N）	大于或等于表中粒径的最大浓度限值（PC/m³）					
	0.1μm	0.2μm	0.3μm	0.5μm	1μm	5μm
1	10	2				
2	100	24	10	4		
3	1000	237	102	35	8	
4	10000	2370	1020	352	83	
5	10000	23700	10200	3520	832	29
6	1000000	237000	102000	35200	8320	293
7				352000	83200	2930
8				3520000	832000	29300
9				35200000	8320000	293000

对于控制尘粒不足 0.5μm 为计量标准的某些工艺，可按所要求的粒径和数量，参考空气洁净度级别平均粒径分布曲线图确定相应级别。

此外，在《药品生产管理规范》生物洁净室洁净标准中，根据行业要求分别规定了洁净级别。各种工艺房间对洁净度级别的要求可参见表 7-2。

各种工艺房间对洁净度级别的要求　　　　表 7-2

洁净室类别	行业类别	房 间 名 称	洁 净 度 等 级			
			100	1000	10000	100000
工业洁净室	精密工业	微型轴承清洗检查	√		√	
		微型轴承测试		√		
		电子计算机精密测定			√	
		电子计算机精密部件			√	
	电子工业	光刻、照相制版	√	√	√	√
		焊接、扩散	√	√	√	
		蒸发	√		√	√
		点焊		√		
		清洗、加工			√	
		组装		√	√	
		印刷制版、复印			√	√
		烧结测定				√
		扩散炉进料口	√			
		暗室、显影室	√	√		

续表

洁净室类别	行业类别	房间名称	洁净度等级 100	1000	10000	100000
生物洁净室	医疗	一般手术室			✓	✓
		无菌手术室	✓			
		无菌试验、细菌试验	✓			
		无菌病室（烧伤、器官移植）	✓	✓	✓	
	动物试验	无菌动物饲养室（GF）	✓			
		无特定病原体动物饲养室（SPF）			✓	
		普通动物饲养室（CV）				✓

二、洁净室的分类及对相关专业的要求

1. 洁净室的分类

洁净室按构造可分为整体式、装配式和局部净化三种类型。

（1）整体式：利用建筑房间，构成一个或数个洁净室，一般采用集中全面净化或全面与局部净化相结合的形式，这种形式适用于大型的洁净室。

（2）装配式洁净室：围护结构（墙壁和顶棚均在现场用板材拼装而成，并配备有风机过滤机组，净化设备可组合成各种级别的洁净室。装配式洁净室安装方便、灵活，建设周期短，造价比较高。

（3）局部净化洁净室：一般指洁净工作台、自净器、层流罩等。在一般空调房间内设置局部净化洁净室对局部空间的空气进行净化。这种洁净室安装灵活，设备移动方便，周期短，造价低，但使用有局限性。

此外，还可以采用全面净化与局部净化相结合的形式。譬如，在一个大面积的洁净室内洁净度要求比较低，而其中有少量工艺对洁净度要求比较高，对这部分要求高的区域可设置局部净化装置。

2. 洁净室设计对相关专业的要求

洁净室的设计是相关专业综合采取措施的结果，因此，各相关专业都应该密切配合。

（1）总平面专业：洁净室要求周围环境空气清洁。当洁净室必须设在污染比较严重的地区时，应将其布置在全年主导风向的上风侧，尽量减小大气污染物对洁净室的影响。此外，洁净室应远离铁路、公路。厂区路面应尽量采用产灰尘少的建筑材料。

（2）工艺专业：洁净室是为满足工艺生产要求而设置的，在不影响工艺生产的情况下，要求工艺专业密切配合，尽量将洁净度相同的工艺及其洁净室布置在一起。对产生灰尘和有害气体的工艺设备，条件允许时，尽量不要布置在洁净室内。在同一洁净室内，建议将对洁净度要求高的工序布置在送风气流的上风侧。洁净室内的生产设备和用具应表面光滑，不易产生灰尘和积尘。

（3）建筑专业：

1）洁净室的位置，应尽量布置在人流少的地方。人流方向要从低洁净度的洁净室到高洁净度的洁净室。随着洁净度的提高，人流密度逐渐减少，以减少人员对洁净室的污染。

2）洁净室的高度尽量降低，一般以 2.5m 左右为宜。

3) 洁净室的构造尽可能密闭，平面形状简单，室内表面要光滑，窗台等应尽量减少凹凸面和缝隙，减少积尘的可能。

4) 洁净级别要求高的洁净室，宜沿外墙设技术走廊。

(4) 电气专业：管线应暗装，照明灯具设计应防止积尘。当灯具暗装时，应注意密封。电器插座接线盒要求暗装，不要留有积尘水平面。

三、净化空调系统设计

1．净化空调的基本形式

洁净室空气的洁净度是通过大量的房间换气，送风经过粗效、中效及高效过滤达到的。高效过滤器设置在洁净室送风口处，通过高效过滤器的空气直接送入房间，不再会受到污染，净化空调的基本形式见图 7-7。

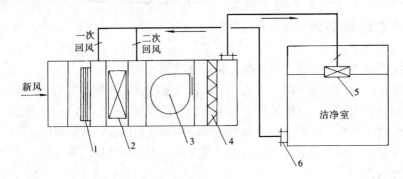

图 7-7　净化空调系统基本流程图
1—粗效过滤器；2—空气处理设备；3—送风机；
4—中效过滤器；5—高效过滤器；6—回风口

新风经粗效过滤器 1 过滤后，与一次回风混合后，经空气处理装置 2 处理后与二次回风混合，再经送风机 3、中效过滤器 4、高效过滤器 5 过滤后送入洁净室，然后经回风口 6 回至空气处理机组。

当净化空调系统间歇运行时，为了防止室外脏空气沿新风口及建筑围护结构不严密处进入室内，造成洁净室空气污染，甚至夏季室内建筑表面结露，可在系统内设置值班风机。值班风机的风量一般按维持室内必要的正压值所需要的换气次数确定，值班风机的设置见图 7-8。

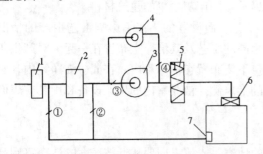

图 7-8　设有值班风机的净化空调系统
1—粗效过滤器；2—空气处理设备；3—送风机；4—值班风机；5—中效过滤器；6—高效过滤器；7—回风口

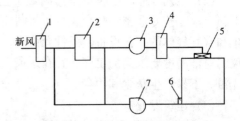

图 7-9　双风机净化空调系统
1—粗效过滤器；2—空气处理设备；3—送风机；4—中效过滤器；5—高效过滤器；6—回风口；7—回风机

系统正常运行时使用风机3，系统不运行时使用值班风机保持洁净室内的正压及必要的送风参数。

当系统阻力比较大，为减小系统内的负压而减少漏风量时，可采用双风机系统，即增加一台回风机，工艺流程见图7-9。

当空气处理设备距洁净室比较远时，可设计成部分空气直接循环的集中系统，见图7-10。局部空气循环系统就设置在洁净室的附近，避免了大风量远距离输送，减少了空气的污染。

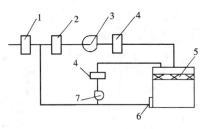

图7-10 部分空气直接循环的净化空调系统
1—粗效过滤器；2—空气处理设备；3—送风机；
4—中效过滤器；5—高效过滤器；6—回风口；
7—空气直接循环风机

图7-11是分散式净化空调系统，其中(a)为室内设置空气自净器，(b)为室内设置洁净工作台，即在集中式空调系统条件下设置的空气局部净化设备。

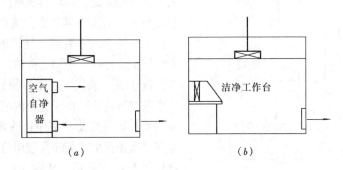

图7-11 集中式空调系统条件下设局部净化设备

图7-12是在分散式空调系统条件下设置的局部空气净化设备。

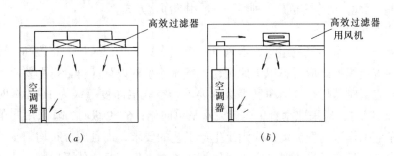

图7-12 分散式空调系统条件下设局部净化设备

此外，还有一种洁净隧道方式。洁净隧道可分为：台式洁净隧道、棚式洁净隧道和罩式洁净隧道。

图7-13是台式洁净隧道示意图。两侧为层流区，中部为乱流操作活动区，部分空气局部循环。

图7-14是棚式洁净隧道示意图。两侧上送气流为工艺层流区，中部为乱流操作活动区。

图7-15是罩式洁净隧道。

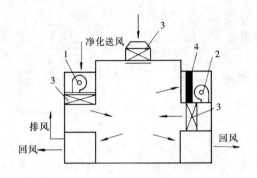

图 7-13 台式洁净隧道
1—送风机；2—循环风机；3—高效过滤器；4—粗效过滤器

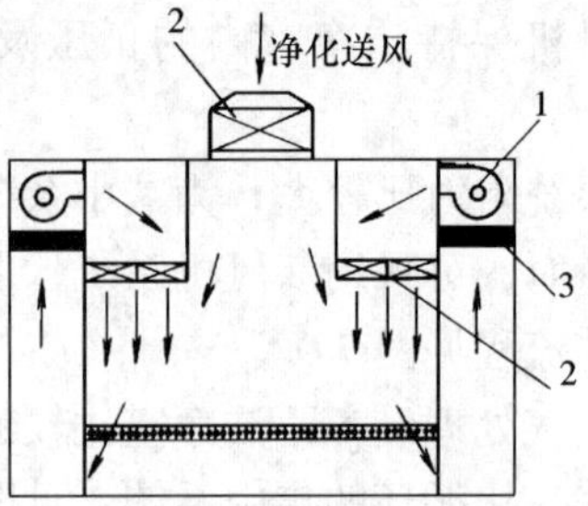

图 7-14 棚式洁净隧道
1—送风机；2—高效过滤器；3—粗效过滤器

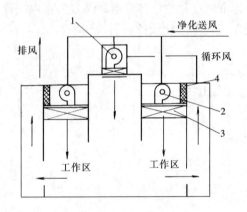

图 7-15 罩式洁净隧道
1—送风机；2—循环风机；3—高效过滤器；4—粗效过滤器

洁净隧道是全室净化和局部净化相结合的典型，其特点是，可以实现室内不同的洁净度，从而充分利用了不同洁净气流的特性，可合理满足工艺要求。一般洁净隧道的两侧是高洁净度的层流工作区，中间是乱流，为操作活动区，工艺区连成一条线，使用方便，人员的活动不会引起交叉污染。由于隧道内减少了层流面积，基建费和运行费比全室净化的垂直层流洁净低很多，乱流区的建筑净高较层流工艺区高得多，操作人员比较舒适，技术夹道内可作回风道，还可以布置各种工业管道，安装工艺辅助设备，且维修方便。另外，洁净隧道对于建筑方面的要求比较简单。因此，洁净隧道是一种经济、适用的净化方式。

2. 气流组织设计

洁净等级与洁净室的气流组织、送风量、换气次数、送回风口的布置和风速等有着密切的关系。气流组织形式应考虑以下原则，且气流流型的设计应符合以下要求：

（1）气流流型应满足空气洁净度等级的要求。空气洁净度等级为 1～4 级时，应采取垂直单向流；5 级时，应采取垂直单向流或水平单向流；6～9 级时，宜采用非单向流。

（2）洁净室工作区的气流流速应满足生产工艺的要求，而且应分布均匀。

（3）洁净室内设有通风柜时，宜将通风柜布置在工作区气流的下风侧。

（4）减少涡流区，避免将工作区以外的污染物带入工作区。

（5）要考虑高大设备对气流流型的影响。

（6）洁净室内的洁净工作台不宜布置在层流洁净室内，当布置在乱流洁净室时，宜将其设置在工作区气流的上风侧，以提高室内空气洁净度。

气流组织和送风量的关系见表 7-3。

四、洁净室的计算

1. 送风量的计算

洁净室的送风量应根据厂房产尘量和洁净室空气洁净级别确定。工程设计中，由于产尘量的影响因素比较多，一般准确计算比较困难，在产尘量计算困难时，可按下述方法计算送风量。

气流组织和送风量 表 7-3

空气洁净度级别		100 级		10000 级	10000 级	100000 级
	气流流型	垂直层流	水平层流	乱流	乱流	乱流
气流组织形式	送风主要方式	1. 顶棚满布高效过滤器，送风高效过滤器占顶棚面积>60%；2. 侧面布高效过滤器，顶棚设阻尼层送风；3. 全孔板顶棚送风	1. 送风墙满布高效过滤器，水平送风；2. 送风墙局部布置高效过滤器，水平送风，高效过滤器占送风墙面积>40%	1. 孔板顶棚送风。2. 条形布置高效过滤器顶棚送风；3. 间隔布置带扩散板高效过滤器，顶棚送风	1. 局部孔板顶棚送风；2. 带扩散板高效过滤器顶棚送风；3. 上侧墙送风	1. 带扩散板高效过滤器顶棚送风；2. 上侧墙送风
	回风主要方式	1. 格栅地面回风（满布或均匀局部布置）；2. 相对两侧墙下部均匀布置	1. 回风墙满布回风口；2. 回风墙局部布置	1. 相对两侧墙下部均匀布置；2. 洁净室面积较大时，可采用地面均匀布置	1. 单侧墙下部布置；2. 采用走廊回风时，在走廊内均匀布置，或在走廊端部集中设置	1. 单侧墙下部布置；2. 采用走廊回风时，在走廊内均匀布置或在走廊端部集中设置
送风量	室内断面风速 (m/s)	不小于 0.25	不小于 0.35			
	换气次数			不小于 50	不小于 25	不小于 15
	送风口风速 (m/s)	孔板孔口 3~5		孔板孔口 3~5	1. 孔板孔口 3~5；2. 侧送：贴附射流 2~5，非贴附不大于 2.5	侧送风口：1. 贴附射流 2~5；2. 非贴附射流不大于 2.5
	回风口风速 (m/s)	不大于 2.0	不大于 1.5	1. 室内回风不大于 2；2. 走廊回风不大于 4	1. 室内回风不大于 2；2. 走廊回风不大于 4	1. 室内回风不大于 2；2. 走廊回风不大于 4

(1) **层流洁净室：**

层流洁净室的送风量一般按室内断面风速口进行计算，100 级的垂直层流洁净室 $v \nless 0.25$m/s，水平层流洁净室 $v \nless 0.35$m/s。

(2) **乱流洁净室：**

乱流洁净室一般按换气次数进行估算，1000 级的洁净室 $n \nless 50$ 次/h，10000 级 $n \nless 25$ 次/h，100000 级 $n \nless 15$ 次/h。

2. 排风量的计算

洁净室内产生有害物的工艺操作，为了避免扩散影响到整个厂房，通常是在通风柜内进行，排风量按控制风速法进行计算：

$$L = 3600 \cdot v \cdot B \cdot h \tag{7-3}$$

式中　L——排风量，m^3/h；

　　　v——操作口断面控制风速，m/s，见表7-4；

　　B 和 h——操作口的断面尺寸，m。

通风柜操作口断面控制风速　　　　　　　　　　　表7-4

有害物性质	断面风速 (m/s)	有害物性质	断面风速 (m/s)	有害物性质	断面风速 (m/s)
无毒有害气体	0.3~0.5	有毒有害气体	0.7~1.0	剧毒有害气体	1.2~1.5

3. 新风量计算

洁净室内的新鲜空气量应取下列二项中的最大值：

(1) 补偿室内排风量和保持室内正压值所需要的新鲜空气量之和；

(2) 保证供给洁净室内每人每小时的新鲜空气量不小于40m³。

4. 洁净室压差控制

洁净室与周围的空间必须维持一定的压差，并应按生产工艺要求确定是正压差或负压差。不同等级的洁净室与非洁净区之间的压差应不小于5Pa，洁净室与室外的压差应不小于10Pa。洁净室维持的压差值所需的风量根据洁净特点，宜采用缝隙法或换气次数法确定。洁净室的正压计算方法有缝隙法和换气次数法。缝隙法是通过房间内需要保持的正压与室外大气压间的压差，经过缝隙通过的风量。

$$L = a \cdot q \cdot l \tag{7-4}$$

式中　L——洁净室维持所需正压的风量，m^3/h；

　　　a——根据围护结构气密性确定的安全系数，可取 1.1~1.2；

　　　q——洁净室为某一正压值时，围护结构单位长度缝隙的漏风量，$m^3/(h \cdot m)$，见表7-5；

　　　l——围护结构缝隙的长度，m。

围护结构单位长度缝隙的正压风量 q　　　　　　　表7-5

门窗形式 正压风量 $[m^3/(h \cdot m)]$ 压差 (Pa)	非密闭门	密闭门	单层固定 密闭木窗	单层固定 密闭钢窗	单层开启 式密闭钢窗	传递窗	壁板
9.9	17	4	1.0	0.7	3.5	2.0	0.3
9.81	24	6	1.5	1.0	4.5	3.0	0.6
14.72	30	8	2.0	1.3	6.0	4.0	0.8
19.62	36	9	2.5	1.5	7.0	5.0	1.0
24.53	40	10	2.8	1.7	8.0	5.5	1.2
29.43	44	11	3.0	1.9	8.5	6.0	1.4
34.34	48	12	3.5	2.1	9.0	7.0	1.5
39.24	52	13	3.8	2.3	10.0	7.5	1.7
44.15	55	15	4.0	2.5	10.5	8.0	1.9
49.05	60	16	4.0	2.6	11.5	9.0	2.0

正压风量也可根据正压值和房间换气次数的关系确定，见表7-6。

洁净室正压值与房间换气次数的关系　　　　　表7-6

室内正压值 （Pa）	有外窗，气密性较差 （1/h）	有外窗，气密性较好 （1/h）	无外窗土建式 （1/h）
9.9	0.9	0.7	0.6
9.81	1.5	1.2	1.0
14.72	2.2	1.8	1.5
19.62	3.0	2.5	2.1
24.53	3.6	3.0	2.5
29.43	4.0	3.3	2.7
34.34	4.5	3.8	3.0
39.24	5.0	4.2	3.2
44.15	5.7	4.7	3.4
49.05	6.5	5.3	3.6

五、空气净化处理

空气过滤器的选用和布置应符合以下要求：

（1）中效（高效）空气过滤器，宜集中设置在空调系统的正压段；

（2）亚高效和高效过滤器，宜设置在净化空调系统的末端；

（3）设在一个净化空调系统内的高效或亚高效空调过滤器的阻力应相近；

（4）空气过滤器的处理风量不应大于产品的额定风量。

粗效过滤器，一般采用粗、中孔泡沫塑料或无纺布等做滤料，用于过滤大于 $10\mu m$ 的尘粒。中效过滤器，一般采用中、细孔泡沫塑料或其他纤维作滤料，主要用于过滤 $1\sim10\mu m$ 的尘粒。亚高效过滤器，国内一般采用玻璃纤维滤纸和棉短纤维滤纸作滤料，主要用于过滤小于 $5\mu m$ 的尘粒。高效过滤器，国内一般采用玻璃纤维滤纸、石棉纤维滤纸和合成纤维滤纸等作滤料，主要用于过滤小于 $1\mu m$ 的尘粒。

额定风量下空气过滤器的初终阻力列于表7-7。

额定风量下空气过滤器的初终阻力　　　　　表7-7

	初阻力（Pa）	终阻力（Pa）		初阻力（Pa）	终阻力（Pa）
粗效	≤50	≤100	亚高效	≤120	≤240
中效	≤80	≤160	高效	<190~250	≤500

第八章 主要公共建筑的空调设计要点

随着我国改革开放政策的不断深入和人们生活水平的日益提高，各大、中城市都兴建了一批宾馆、商场、影剧院和体育场（馆）等公共建筑，为了提供给人们一个舒适的生活、消费及娱乐环境，对于档次比较高的公共建筑，一般都要求设置集中空调。本章介绍几种主要公共建筑的空调设计要点，以帮助大家对此类公共建筑的空调设计有一个初步了解。

第一节 旅馆建筑空调系统设计要点

一、客房空调设计要点

1. 室内空调设计计算参数

国标 GB 50189~93 对客房空调设计计算参数进行了规定，这是空调设计中应该遵循的设计参数，不应随意提高标准。

室内空调设计参数的选取，直接影响到工程投资、能量利用和运行费用，对于不同级别、不同性质的工程应分别对待。国标对客房空调设计计算参数的规定列于表 8-1。

旅馆客房空调设计计算参数　　　　表 8-1

客房级别	夏季			冬季			新风量 (m^3/hp)	空气含尘浓度 (mg/m^3)
	空气温度 (℃)	相对湿度 (%)	风速 (m/s)	空气温度 (℃)	相对湿度 (%)	风速 (m/s)		
一级	24	≤55	≤0.25	24	≥50	≤0.15	≥50	≤0.15
二级	25	≤60	≤0.25	23	≥40	≤0.15	≥40	
三级	26	≤65	≤0.25	22	≥30	≤0.15	≥30	
四级	27			21				

2. 空调方式

客房空调一般是采用风机盘管加新风系统。夏季，空调冷源供给 7℃ 的冷水，12℃ 的回水；冬季，空调热源供给 60℃ 左右的热水，回水温度 50℃ 左右。独立的新风系统，将新风经风管送至客房内，卫生间设置排风扇就地排风。通常对走道、电梯候梯间等公共场所，也要求设置空调。至于公用卫生间，应视工程具体要求。风机盘管有卧式暗装或明装、立式暗装或明装之分。对客房而言，卧式暗装风机盘管用得最多。对于标准形式布置的客房，风机盘管一般布置在进入房间走道的上方吊顶内，气流形式为侧送，风机盘管回风口集中回风，回风口设在走道吊顶上。对于套间房和非标准形房间的风机盘管的选型和布置，应根据装修等具体情况决定，并应与装修密切配合。风机盘管的凝结水通常是排至设置在卫生间管井内的凝结水立管中，各层客房竖向组成一个凝结水排放系统，且在下部分别或集中排放。凝结水温度比较低，凝结水管要求保温，凝结水是自然排放，容易造成漏水。因此风机盘管要求安装水平，以避免集水盘凝结水外溢，凝结水支管要求保持一定安装坡度，坡向排水方向，以保证凝结水排放畅通。规范规定，风机盘管凝结水支管安装坡度不小于1%。风机盘管安装标高低于回水干管时，风机盘管内会积聚空气。一般情况，风机盘管回水出口处设有手动排空气阀，用于排除风机盘管内的空气。供、回水管应避免向上弯后又再向下弯的驼峰形状，否则，管内会存有空气，从而影响水流畅通。

风机盘管的控制方法，目前用得比较多的有三速开关控制变风量方式和三速开关配电动温控两通阀。

二、餐厅、多功能厅空调设计要点

1. 室内空调设计计算参数

在国标 GB 50189—93 中规定了餐厅、多功能厅的室内空调设计计算参数，有关设计手册及资料也进行了收录。

2. 空调负荷

餐厅、多功能厅的空调负荷主要包括有食品散热、照明散热、新风负荷、建筑传热和人体散热等。在空调冷负荷中，包含的不定因素比较多。因此，餐厅、多功能厅的空调冷负变化范围较大。

餐厅内食品散热量，对不同类型的用餐差别很大。中式菜肴，一般散热量比较大，西餐菜品散热量相应少一些，就餐人数往往也难以准确确定。因此，工程设计中，空调负荷的计算，往往是由于缺乏必要的基础资料，无法准确计算。实际上，由于经营的随意性，设计与实际使用很容易产生偏差。

餐厅的空调负荷中，菜肴、新风和人体散热都与就餐人数有关。表 8-2 中列出了各类餐厅就餐人数和照明容量的参考资料。

餐厅就餐人数与照明容量　　　　　　　　表 8-2

餐厅类型	就餐人数（人/m²）	照明容量（W/m）	餐厅类型	就餐人数（人/m²）	照明容量（W/m）
中餐厅、宴会厅	0.6	50	大宴会餐	0.8	70
日式餐厅、宴会厅	0.6	55	咖啡厅	0.5	40
小宴会餐	1.0	40	休息厅	0.25	30

根据文献介绍，对于中餐菜品散热量按人均每小时 170kJ 左右，显然，餐厅就餐人数以及人均菜品散热量与餐厅经营菜品内容、餐厅所在城市及位置等许多因素有关。在缺乏计算基础资料时，设计时通常采用估算负荷指标。这些估算指标在许多设计手册中均有收录。

3. 空调方式

大型餐厅、宴会厅和多功能厅，建筑面积和空间都比较大，一般是采用低风速全空气系统，空气处理设备可以采用组合式空调器或立、卧式风柜。组合式空调器设备集中，管理方便，新风量调节方便，且过渡季节可充分利用室外自然风，节约能量，噪声容易处理，但占地面积大，投资多。风柜设备容量和系统较小，因而灵活性大，设备费用低，但需要设置独立的新风系统。卧式吊顶风柜管理维护比较麻烦，如需要经常清洗过滤器。另外，还有漏水的可能性。空气处理设备应根据工程具体情况，经过技术经济比较后选型。

气流组织形式与所选空气处理设备有一定关系。采用组合式空调器时，因系统比较大，一般多采用上部送风，经回风管下部回风。这种气流形式，对房间的温度场比较均匀，但风管多，而且尺寸大，往往会受到建筑空间的影响。另一种回风形式是在组合空调柜附近集中回风。这种回风形式简单，但对房间温度分布和压力分布都不够理想，远离回风口的区域回风不畅，靠回风口近的地方的外门、窗可以吸入室外空气，而远离回风口的地方形成正压，室内冷空气通过门、窗外逸。另外，集中回风口尺寸很大，需要与装修密切配合。

对于 $100\sim200m^2$ 的中等规模餐厅，空气处理设备选用风柜的较多，主要是系统简单，投资省。采用卧式吊顶风柜时，设备吊装在楼板下的吊顶内，不占用建筑面积，气流形式为上送、上回或上送、下回。

小型餐厅，一般采用风机盘管空调比较多，它使用灵活，效果比较好，噪声低，而且占用房间空间少，对于层高较低的建筑，更具有优势。气流形式通常是上送上回或侧送上回，主要取决于建筑装修形式。

餐厅就餐人数较多，而且具有许多气味。因此，要求供给足够的新鲜空气，同时还要设置排气系统。要求新风量略大于排风量，以保持餐厅内微正压，防止厨房等房间的气体串入餐厅内。如果餐厅内正压过大，其有气味的气体也会影响到别的房间。因此，一般认为，排风量为送风量的 90% 左右，餐厅的新风系统通常是独立设置，组合空调器从回风混合段吸入排风应视系统的大小及装修水平确定。

三、KTV歌舞厅空调设计要点

KTV歌舞厅是丰富人们文化生活、工作后休闲、扩大社会交往和繁荣城市生活的主要娱乐场所之一。一般包含有三个方面的功能，即：KTV厅、歌厅和舞厅。

1. 室内空调设计计算参数

目前，国家标准还未对KTV歌舞厅空调设计计算参数作出明确的规范，根据有关资料介绍，推荐按表8-3所列参数采用。

KTV歌舞厅空调设计参数　　表8-3

房间类别	夏季			冬季			新风量 (m^3/h·人)	空气含尘浓度 (mg/m^3)
	空气温度 (℃)	相对湿度 (%)	风速 (m/s)	空气温度 (℃)	相对湿度 (%)	风速 (m/s)		
KTV厅	26	65	0.25	20	40	0.15	30	≤0.15
歌 厅	26	65	0.25	20	40	0.15	30	≤0.15
舞 厅	25	60	0.35	20	40	0.15	30	≤0.15

2. 空调负荷

KTV歌舞厅空调冷负荷主要包括有：建筑传热、照明负荷、设备散热、人体散热和新风负荷，表8-4中列出了部分负荷的统计数据。

KTV厅的散热设备为大型彩色电视机，歌厅和舞厅的散热设备主要是音响设备。

3. 空调方式

KTV厅一般面积比较小、数量多，且要求隔声好。因此，大多采用风机盘管加独立的新风空调方式。它使用灵活，相互间不影响，隔声效果好。但在设计集中新风和排风系统时，应防止风管内传声，在可能串音的管段上设置消声器。

KTV 歌舞厅部分负荷统计值 表 8-4

房间类别	照明负荷 (W/m²)	人体散热 人数（人/m²）	人体散热 散热量 [W/(h·m²)]
KTV 厅	50~60	0.4~0.6	84~126
歌厅	50~60	0.4~0.6	58~87
舞厅	40~50	0.2~0.3	58~87

歌舞厅空调可采用组合空调的全空气系统，也可采用风柜加新风的空调。

KTV 歌舞厅一般人员较多，而且活动量大，室内二氧化碳气体、灰尘比较多，再加上部分人吸烟，室内空气比较脏，应该设计完善的新风和排风系统。送入新风应经过冷却、过滤处理。

四、康乐中心空调设计要点

1. 空调设计计算参数

根据国标 GB 50189—93 规定，美容、美发和康乐中心的空调设计计算参数如表 8-5。

美容、美发和康乐中心空调设计参数 表 8-5

房间类别	夏季 空气温度(℃)	夏季 相对湿度(%)	夏季 风速(m/s)	冬季 空气温度(℃)	冬季 相对湿度(%)	冬季 风速(m/s)	新风量 (m³/hgp)	空气含尘浓度 (mg/m³)
美容美发室	24	≤60	≤0.15	23	≥50	≤0.15	≥30	≤0.15
康乐设施	24	≤60	≤0.25	20	≥40	≤0.25	≥30	≤0.15

国内一些工程设计采用的参数统计如表 8-6。

国内一些康乐中心的空调设计参数 表 8-6

房间类别	夏季 空气温度(℃)	夏季 相对湿度(%)	冬季 空气温度(℃)	冬季 相对湿度(%)
球、保龄球、网球、美容、健身房、游戏机房、录像	24~26	55±10	20~22	50±10
麻将、按摩	25~27	55±10	19~21	50±10
桑拿、热水浴	26~28	60±10	22~24	60±10
更衣室	26~28	65±10	22~24	65±10
蒸汽浴室	~40		~30	

2. 空调方式

康乐中心空调系统设计应根据不同的使用功能、特殊要求和建筑装修形式，选用不同的空气处理设备和气流形式。

健身房、桑拿浴、按摩房、冷、热水浴、麻将室及休息室等面积较小的房间，一般采用风机盘管加新风系统，气流形式应与建筑装修密切配合。对于桑拿、蒸汽浴和冷、热水浴房，气流不应直接吹向人体，而且要避免室内气流速度过大。

保龄球、壁球等建筑面积较大的房间，可设置卧式吊顶式或立式风柜单风道系统。气流形式可采用顶送风，集中回风方式。

保龄球只在投球区设置空调，但设备房散发热量，故要求排风。

为了保持空气平衡，在设置新风的同时，应设置排风系统，以保证在房门关闭时新风顺利送入。桑拿浴、蒸汽浴室、更衣室、卫生间等房间，宜设计独立的排风系统，并保持室内负压，以免气味互相串入。

第二节　百货商场空调系统设计要点

百货商场是人员众多的公共场所，商场经营的商品种类繁多，而且具有很大的随意性。有的商场还设有餐饮、游戏设施等。商场内的温度、相对湿度、清洁度和新鲜空气量等对顾客和营业人员都有很大的影响。因此，百货商场的空调设计，除了要满足广大顾客的购物要求外，还应照顾到长期在商场内工作的职工要求。为了改善购物环境，提高商业经济效益，空调设施越来越被商业部门重视。

1. 室内空调设计计算参数

百货商场内温度、相对湿度的选取，需要考虑到人们的衣着及生活习惯，室内、外温差等因素。当室内温、湿度能满足顾客要求时，一般也可以满足商场营业人员的要求，但新风量的选取，应多考虑营业员的要求，因为他们长时期在商场内工作。根据有关资料介绍，百货商场室内空调设计计算参数可按表8-7选取。

百货商场空调设计计算参数　　　　表8-7

商场标准	夏　季			冬　季			新风量 (m^3/hgp)	空气含尘浓度 (mg/m^3)
	空气温度 (℃)	相对湿度 (%)	风速 (m/s)	空气温度 (℃)	相对湿度 (%)	风速 (m/s)		
较高标准	26~28	55~65	0.25	18~20	40~50	0.15	20~30	≤0.15mg/m^3
一般标准	27~29	55~65		15~18	30~40			

对于旅游建筑内的商场或外宾友谊商场，可按国家《旅游旅馆设计暂行标准》选用，如表8-8所示。

旅馆内百货商场空调设计计算参数　　　　表8-8

客房级别	夏　季			冬　季			新风量 (m^3/hgp)	空气含尘浓度 (mg/m^3)
	空气温度 (℃)	相对湿度 (%)	风速 (m/s)	空气温度 (℃)	相对湿度 (%)	风速 (m/s)		
一级	24	65	0.25	23	40	0.15	18	55
二级	25			22			10	
三级	26			20			9	
四级	27			20			9	

2. 空调负荷

百货商场夏季空调负荷主要包括：人体散热、照明散热、建筑传热及新风负荷。

商场人流是计算人体散热和新风负荷的重要依据，影响人流的主要因素有：

（1）经营商品的品种和所在楼层。一般商场是根据商品的特性安排营业位置，贵重商品、文具、文艺类多设在楼上，日用商品多设在购物方便的底层或低层，人流相应多一些。

（2）商场所在城市、地域。对于大城市里繁华地域的百货商场，人流会多一些。

(3) 商场规模和档次。对规模大、品种多、购物环境好的商场，人流也会多一些。

目前，对商场人流的统计资料还不够完善，现将有关资料所介绍的商场人流数据列于表8-9。

百货商场人流分布（人/m^2） 表8-9

商场类型	市中心大型商场	城市中型商场	中、小城市商场
一　层	1~1.5	0.8~1.2	0.6~1.2
二　层	0.8~1.2	0.6~1.0	0.5~1.0
三层及以上	0.5~1.0	0.4~0.8	0.4~0.6

在初步设计阶段缺乏空调负荷等基础资料时，可以根据工程的具体情况，对各类负荷进行分析后，按负荷指标选取。

3. 空调方式

百货商场采用集中空调方式的很多，且各种形式并存。主要体现在空气处理设备的选型。

(1) 组合式空调器

组合式空调器应根据使用功能进行组合，百货商场选用的组合式空调器，一般设有混合段、过滤段、换热段、风机段和消声段等功能段。

组合式空调器空调系统处理风量大，一个系统可以负担1000m^2左右的空调面积，而且功能齐全，新风量可以控制。在过渡季节，可以充分利用室外空气自然冷源，达到节约能量，改善室内空气品质的目的。另外，管理也比较方便。但是，在工程应用中，往往是由于它投资多，占地面积和风管占用空间大，选用受到了一定的限制。

(2) 风柜

风柜分为卧式和立式两种。具有设备简单、紧凑，处理风量比组合式空调器小等特点。一般是2000~15000m^3/h左右，系统相应比较小，但使用灵活。卧式、吊顶式风柜可以吊装在楼板下的吊顶内，不占用建筑面积，投资较省，设计布置简单，对于中、小型商场用得比较多。但是，吊顶式风柜维护管理很不方便，譬如清洗过滤器，需要在高空吊顶内工作，存在着漏水的可能性，尤其是凝结水排水管，容易漏水，需要设计独立的新风系统。另外，噪声也比较大，如果选用立式风柜，可以克服维护管理不方便、容易漏水等问题，但需要增加设备安装的建筑面积。

(3) 风机盘管

风机盘管处理能力小，对于商场，需要的设备台数多，维修工作量大，漏水的可能性也大，需要设置独立的新风系统。一般来说，风机盘管不适宜用于大面积的商场建筑，只有当建筑层高很低，布置设备、风管有困难，或者有其他特殊要求时，才被采用。

百货商场空调气流组织以上送下回、侧送下回和上送上回形式为多，送、回风形式与建筑装修、建筑允许空间等因素有关，同时还与空气处理设备选型有关。如选用卧式吊顶风柜时，为了布置方便，通常采用上送上回气流形式。当选用立式风柜时，则多采用上送下回气流形式。采用组合式空调器时，还可采用管道式回风。应当指出，当建筑层高较高时，冬季空调所送热风具有浮升力，容易造成上部空间过热，而下部温度偏低现象。上送下回形式有利于冬季室内空气温度的均匀分布，同时商场内人流多，容易产生灰尘，下部回风，可以使地面灰尘不通过人的呼吸区而从下面排走。

商场的一个特点是货柜密布，自然通风条件差，在过渡季节室外气温还不是很高时，由于室内人员多，照明强度大，当设计不周时，不得不提前供冷。因此，过渡季节，充分利用室外新风自然能源降温是商场节约能耗的有效措施。

第三节 影剧院建筑空调系统设计要点

影剧院是综合性的现代艺术娱乐场所，观众厅和舞台是影剧院的建筑主体，是观众和演员停留和活动的场所，影剧院建筑的主要特点是：观众厅面积大、空间高、人员多而集中，舞台的空间高，有复杂的布景和灯具等，还要求适应不同艺术、不同季节的使用需要。因而，给空调设计带来了一系列复杂问题。

1．室内空调设计计算参数

影剧院室内空调设计计算参数的确定，应考虑以下因素：

(1) 影剧院（级别）标准和建筑设计装修标准；

(2) 人体的舒适感觉；

(3) 室内、外温差及人们的生活习惯；

(4) 工程投资情况。

我国制定的《电影院建筑设计规范》规定的空调室内设计计算参数见表8-10。

我国制定的《剧场建筑设计规范》规定的空调室内设计计算参数见表8-11。

电影院空调室内设计计算参数　　表8-10

参数名称	夏 季	冬 季
温度（℃）	26~29	14~18
相对湿度（%）	55~70	≥30
平均风速（m/s）	0.3~0.7	0.2~0.3

剧场空调室内设计计算参数　　表8-11

参数名称	夏 季	冬 季
温度（℃）	25~28	16~20
相对湿度（%）	50~70	≥30
平均风速（m/s）	0.2~0.5	0.2~0.3

2．空调负荷

影剧院夏季空调负荷包括有：人体散热、照明散热、建筑传热及新风负荷。

影剧院属非连续性使用的建筑，而且每次使用时间不长，观众厅内人员多，热、湿负荷比较大，但照明负荷可以少考虑。舞台演出时，照明负荷比较大，应该按最大照明负荷考虑。

影剧院属于比较定型的建筑，在空调负荷计算中，相对而言，不定因素比较多，计算需要的主要基础资料基本具备，空调负荷应通过计算确定，在初步设计阶段资料不齐全时，可按负荷指标估算，待施工图阶段时再进行计算，空调负荷冷指标介绍如下：

(1) 单位建筑面积冷负荷

影剧院：290~380W/m²

电影院：256~349W/m²

(2) 单位座位（人）冷负荷

影剧院：244~349W/人

电影院：232~290W/人

3．空调方式

影剧院属高大空间建筑，观众厅地面有一定坡度，并且一般在后部设有楼座，而舞台空间高、跨距大，布景幕布比较多，风管和送风口布置比较困难。

(1) 观众厅

观众厅空调冷负荷和送风量大，空气处理设备通常选用组合式空调器，观众处于静坐状态，送风不可直接吹向人群，建筑空间高，冬季送热风时，由于热气流浮升会形成较大的温度梯度而造成上热、下冷，气流组织一般有以下几种形式。

1) 上送下回

上送下回是观众厅常用的气流形式，送风管道布置在上部吊顶内，送风口设在吊顶上，回风口设在观众厅的下部侧墙上或观众座位下面，上送下回气流形式，送风气流分布均匀，但冬季室内空气温度竖向不够均匀，有楼座时，楼上温度容易过热。有条件时，楼下和楼上宜分别设系统，便于调节。

2) 喷口后送，同侧下回

送风口设在观众席的后墙上且水平向下倾，朝舞台方向送风，回风经观众区至设在后墙下侧的回风口，观众厅处于回风气流中，速度场比较均匀。喷口出口风速取 4~10m/s 时，气流射程可达 25~30m。冬季送热风时，仍存在热气流浮升问题，这种气流形式，风管布置简单，但应防止气流噪声对后部观众的影响。

3) 下送上回

送风口设在观众厅的座位下，从下部送风，回风口设在上部吊顶上或侧墙上方，送风首先进入观众区，温度场比较均匀，冬季观众区的温度可得到有效的保证，但应避免送风速度过大和直接吹向观众。这种系统节能效果良好，也可以从大厅上部高温区进行排风，而达到进一步节能的目的。

4) 侧送侧回

从观众厅两侧墙上方侧送风，在同侧的下方回风，观众厅处于回风气流中，风管布置简单，投资省，适合于小型影剧院。

(2) 舞台

剧场舞台空间大，主台高度可达 18m 以上，台宽接近于观众厅的宽度，台深可超过 10m 以上，台上布景重叠，形式各异，不允许气流吹动，灯具多，散热量大，而且不稳定。另外，要求室内温度使用范围大。

国内一些工程设计常用的气流形式介绍如下：

1) 舞台两侧天桥下布置送风管，向下或倾向舞台中心送风，两侧墙下方回风，送风气流应避开侧幕。

2) 前台天桥下布置送风管，向台中心部位送风，侧墙下方回风。

3) 侧面天桥和前台天桥下均布置送风管同时送风，侧墙下方回风。

剧场演出艺术形式多，有许多类型演出，如音乐会、话剧等。对室内噪声要求高。因此，空调系统应设计消声装置。

第四节 体育建筑空调系统设计要点

体育建筑是开展各种体育运动和体育竞赛活动的中心，是城市的主要公共建筑之一。

体育建筑包括：室外体育场和室内体育馆两大部分。室内体育馆一般由比赛大厅、训练馆、休息厅及辅助性房间组成。比赛大厅又包括比赛区和观众席。

一座现代化的体育馆，不仅要求建筑体形美观，体育设施齐全，而且要求室内有较舒适的热、湿环境。比赛区还要满足各类比赛项目的特殊要求。因此，暖通空调在体育馆建筑中具有十分重要的地位。

一、多功能室内体育馆

1. 室内空调设计计算参数

目前，我国体育建筑的空调设计尚无统一标准，根据国内一些工程设计统计，多功能室内体育馆空调设计计算参数推荐值列于表8-12。

多功能体育馆空调设计计算参数　　　　　表8-12

功能分区	夏季			冬季			新风量 (m^3/hgp)	空气含尘浓度 (mg/m^3)
	空气温度 (℃)	相对湿度 (%)	风速 (m/s)	空气温度 (℃)	相对湿度 (%)	风速 (m/s)		
观众区 比赛区	26~28 28	60~65 60~65	0.3	18~20 18	35~50 35~50	0.15	30~40	0.15

不同比赛项目对室内风速有不同的要求，如羽毛球、乒乓球等小球，对比赛场馆风速要求较严，一般应小于0.2m/s，而其他球类比赛风速允许加大至0.5m/s，但是多功能体育馆内往往要进行多种球类的比赛，冬季和夏季一般又是共同一套空调系统。为此，室内设计风速宜按要求最高的选取。

2. 空调方式

空调系统应根据房间的设计参数、使用性质、热湿负荷状况进行划分。

空气处理设备应根据建筑面积、负荷状况进行选型，比赛大厅和观众席一般选用组合式空调器，宜分设系统。训练馆可根据建筑面积大小，选用组合式空调器或风柜。休息室可选用风机盘管或风柜。体育馆属于高大空间建筑，要求室内气流速度场比较均匀，气流组织一般有以下基本形式。

（1）上送下回

上送下回是常用的气流形式，送风口一般设置在比赛厅的上部的网架空间或吊顶内，回风口设在观众席座位台阶的侧壁上或其他墙壁侧面上，气流从上部送出，经比赛场或观众席后，由回风口回风，气流比较均匀，布置比较方便。由于大厅层高比较高，送风射程较远，应注意冬季送热风时的空调效果。目前，在有些体育馆设计中，选用了旋流风口或喷口送风，使用效果比较好。

（2）侧送下回或侧回

侧送下回适用于观众席，在观众席后的侧墙上水平向下倾送出，从观众席座位下台阶自侧壁上或后面的侧墙上回风，观众处于回风气流中，系统布置简单。

（3）下送上回

下送上回气流是将送风口设在观众席座位台阶的侧壁上，回风口设在上部，送风先经过人流区，可以提高送、回风温差，冬夏送风效果都比较好，节约能量，非常适用于观众席的空调气流。

上述气流形式各具特点,应根据不同建筑形式及比赛场馆要求选择,并应当考虑以下特点:

(1) 观众席座位是阶梯形状,采用上送下回气流时,应考虑后排观众气流速度。

(2) 观众席采用下送上回气流时,送风速度不应过大,并避免直接吹向人体。

(3) 比赛大厅属于高大空间建筑,冬季送热风时,容易造成上、下温度梯度过大。另外,综合性场馆比赛项目类型多,要求又不同,如比赛场内的风速要求。因此,场、馆的设计应以要求高的标准为准,或选用可调形风口。

二、室内游泳馆的空调设计要点

室内游泳馆一般是由标准游泳池(50m×21m)、跳水池(23m×21m)、池厅和观众厅组成。根据使用功能,游泳馆可分为娱乐性、训练性和比赛性等类型。

游泳馆池厅的池水表面蒸发出大量水蒸气,室内除了保持一定的温度、相对湿度和气流速度外,还要求控制室内空气露点温度,以防止冬季室外空气温度低时建筑内表面结露。

1. 空调室内设计计算参数

游泳馆池厅的室内空调设计计算参数,是以游泳池池水温度为基准,一般室温高出水温 1~2℃,国际游泳池标准规定,池水温度为 26~28℃,空气含湿量小于 14g/kg,观众厅主要是满足观众的舒适要求为准。冬季室内、外温差不宜过大。综合有关资料介绍,室内游泳馆室内空调设计计算参数推荐值见表 8-13。

室内游泳馆空调设计计算参数 表 8-13

	池水温度(℃)	冬季室内温度(℃)	冬季相对湿度(%)	风速(m/s)
比赛池	24~26	25~28	60~75	0.15~0.25
练习池	27~30	28~32	60~75	0.15~0.25
娱乐池	24~27	25~29	60~75	0.15~0.25
观众厅		20~24	45~60	0.2~0.25

2. 空调方式

(1) 通风量计算

室内游泳馆池厅蒸发出的水蒸气,在冬季主要是依靠室外低温、低湿空气以通风方式消除,观众厅为一般舒适性空调。池厅通风量的计算方法如下:

$$L = 1000 \frac{W}{d_n - d_w} \tag{8-1}$$

式中 L——通风量(即新风量),kg/h;

W——游泳池和地面散发的水蒸气,kg/h;

d_n——室内空气含湿量,g/kg;

d_w——室外空气设计计算含湿量,g/kg。

冬季空调室外计算参数含湿量很小,因此,含湿量所计算的通风量为最小新风量。一般在停止供暖前室外温度比较高,含湿量也比较大,以此参数作为计算通风量是比较合理的。

从 h-d 图(图 8-1)可以看出,n 为室内状态参数点,t 为停止供暖时,室外空气状态参数点,$(d_n - d_t)$ 为室内、外含湿量差。t 点便是我们计算通风量的室外空气状态参数。当 φ_t 增大时室内相对湿度将不能保证,图中 t-o-a 区便是室外空气参数的不保证区。

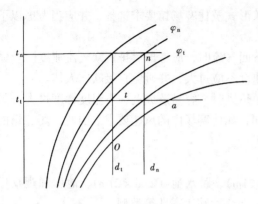

图 8-1 空气处理过程图

(2) 通风方式

游泳馆池厅，在冬季主要是以送热风为主的通风除湿方法，为了改善人的舒适感觉，可配合设置地板辐射采暖。

游泳馆池厅与观众厅的室内设计参数不一样，另外，它们的热、湿比值也不相同。因此，游泳池厅与观众厅应分别设置通风系统。根据游泳池厅的特点，气流组织以上送下回或侧送下回较好。也有提出下送下回的方案，可节省能量，但往往在设计布置送风口时会遇到困难，且送风量大，难免气流会吹向人体。

观众厅采用上送下回或侧送下回均可，也可考虑采用下送上回的形式，基本方法与室内体育馆相同。

游泳馆通风量比较大，一般采用组合式空调器处理空气，宜采用双风机系统（送风机和回风机）。室内排风通过回风机引入空调机房后排出，以保持游泳池厅内气流组织稳定，避免了厅内无组织排风对周围房间所造成的影响。

为了节约能量，新风量的调节应很灵活。根据室外空气参数的变化调节新、回风量的比例。有条件时应采用自动控制。

(3) 游泳馆池厅新风量大，能耗也大。据统计，暖通空调系统耗热量约占冬季耗热量的一半左右。因此，热量回收是十分重要的。常用的热回收装置有板式热回收器、排管热回收装置和转轮式全热回收器等。

第九章 高层民用建筑防、排烟设计

第一节 防、排烟设计任务与特点

一、防、排烟设计的任务

高层建筑火灾时,着火区域的房间或疏散通道会充满大量的烟气,这将给人们的疏散带来很大的困难。实践证明,由于高层建筑火灾烟气排除不好,会严重影响人们的安全疏散,以致危及人的生命财产。

为了防止和减少高层民用建筑火灾的危害,保护人身和财产的安全,建设部颁布了国家标准《高层民用建筑设计防火规范》(GB 50045—95),该规范为强制性国家标准(简称"高规")。"高规"包括总平面布置、建筑、给排水、暖通空调和电气等专业。关于消防、安全设计方面的有关规定,暖通空调专业负责"防烟、排烟和通风、空气调节内容的设计"。

排烟设计的主要目的是将火灾时产生的烟气,从着火房间内和着火房间所在的防烟区内就地排出,防止烟气扩散到其他防烟区的房间和疏散通道内,以保证人们安全疏散和消防人员的扑救条件。

防烟设计,主要是针对防烟楼梯间和前室而言。防烟楼梯间是高层建筑发生火灾时,人们垂直疏散的惟一通道。火灾时,应防止烟气侵入,确保楼梯间、消防电梯间及前室内为无烟区,保证人们安全疏散和消防人员的及时扑救。

二、室内烟气流动的主要特点

火灾时,由于可燃物质不断燃烧,产生大量的燃烧产物——烟气。同温度下,烟气的密度比空气略重,烟气受热后,体积发生膨胀,膨胀后的体积可按下式计算:

$$V_t = V_0[1 + \alpha(t_t - t_0)] \tag{9-1}$$

式中 V_t、V_0——温度为 t℃ 和 0℃ 时的烟气体积,m³;

α——烟气的体积膨胀系数,$\alpha = \dfrac{1}{273}$。

当烟气温度达到 280℃ 时,比标准状况下空气的体积约大一倍,即密度减小。所以,高温烟气在室内产生很大的浮力,以较大的速度流动而迅速扩散。当发生火灾时,烟气水平方向流动速度约为 0.3~0.8m/s;垂直方向的扩散速度达 3~4m/s,意味着只需半分钟左右,烟气就可以从大楼的底层扩散到一栋超高层建筑的楼顶。可见,火灾时,大楼内烟气的扩散速度是非常之快的。

第二节 防、排烟设计的有关建筑基本知识

一、防火分区

高层建筑发生火灾时,应该把火灾控制在一定范围内,不让火势蔓延扩大,以减少危

害。设计时，建筑专业按"高规"要求，把建筑平面和空间划分为若干个区，区与区之间用防火墙、耐火楼板以及防火门等隔开，这些区间称为"防火分区"。防火隔断上（墙、板等）一般不允许开洞、孔，如确需开时，应采用相应的措施。防火分区最大允许面积在"高规"中作了规定，如表9-1所示。

防火分区最大允许面积（m²）　　　　　　　　　表9-1

名　称	一类建筑	二类建筑	地下室
每层每个防火分区	1000	1500	500

当房间内设有自动灭火设备时，防火分区最大允许建筑面积可按表中面积增大一倍。

二、防烟分区

对要求设置排烟的房间（净高小于6m）和走道，为了控制火灾时烟气的流动和蔓延，在防火分区内建筑平面上进行防烟分区，划分的方法是在房间的楼板下，采用挡烟垂壁、隔墙或从顶棚下突出不小于0.5m的梁等作隔断，暖通专业会同建筑专业，根据排烟设计要求进行分隔，顶棚高度0.5m以下可以连通。

每个防烟分区的面积不宜超过500m²，且防烟分区不应超越防火分区。

三、建筑分类

高层建筑根据其使用性质、火灾危险性、疏散和扑救难度等进行分类，其目的是既保障各种高层建筑的消防安全，又达到节约投资。"高规"第3.0.1条对高层建筑进行了分类，如表9-2所示。

建　筑　分　类　　　　　　　　　表9-2

名　称	一　类	二　类
居住建筑	高级住宅 19层及19层以上的普通住宅	10层至18层的普通住宅
公共建筑	1. 医院 2. 高级旅馆 3. 建筑高度超过50m或每层建筑面积超过1000m²的商业楼、展览楼、综合楼、电信楼、财贸金融楼 4. 建筑高度超过50m或每层建筑面积超过1500m²的商住楼 5. 中央级和省级广播电视楼 6. 网局级和省级电力调度楼 7. 省级邮政楼、防灾指挥调度楼 8. 藏书超过100万册的图书馆、书库 9. 重要的办公楼、科研楼、档案楼 10. 建筑高度超过50m的教学楼和普通旅馆、办公楼、科研楼、档案楼等	1. 除一类建筑以外的商业楼、展览楼、财贸金融楼、商住楼、图书馆、书库 2. 省级以下的邮政楼、防灾指挥调度楼、广播电视楼、电力调度楼 3. 建筑高度不超过50m的教学楼和普通的旅馆、办公楼、科研楼、档案楼等

四、防烟楼梯间和前室

一类建筑和除单元通廊式住宅外的建筑高度超过32m的二类建筑以及塔式住宅，均应设防烟楼梯间。

普通电梯的平面布置，一般都敞开在走道或电梯厅。火灾时，因电源切断而停止使用，因此，普通电梯无法供消防人员扑救火灾用，要求设置专门的消防电梯，消防电梯前室应为无烟区。

防烟楼梯间的平面布置是在入口处设有前室，人们先经过前室，再进入楼梯间，前室不仅起防烟作用，还能使不能同时进入楼梯间的人在前室内作短暂的停留，防烟楼梯间及前室应为无烟区。

五、地下室和半地下室

房间地平面低于室外地平面的高度，超过该房间净高一半者，称地下室。

房间地平面低于室外地平面的高度，超过该房间净高 1/3 且不超过 1/2 者，称为半地下室。

六、高级旅馆和高级住宅

具备星级条件的且设有空气调节系统的旅馆，称高级旅馆。

建筑装修标准高和设有空气调节系统的住宅，称高级住宅。

七、管道井、电缆井、风井

井道是管道、电缆在高层建筑中垂直敷设的通道，它们往往是火灾蔓延的途径。为了防止火势扩大，要求电缆井、管道井、排烟道、排气井等均应单独设置，不应混设。建筑高度不超过 100m 的管道井，应每隔 2～3 层在楼板处用相当于楼板耐火极限的不燃烧体作防火隔断，建筑高度超过 100m 的建筑，每层楼板处都应作防火分隔。

八、避难层

高度 100m 以上的建筑，一旦发生火灾，要将建筑内的人员完全疏散到室外比较困难。因此，建筑高度超过 100m 的公共建筑，应设避难层，两个避难层之间，不宜超过 15 层。封闭式避难层应是无烟区。

第三节 自 然 排 烟

自然排烟是利用房间或走道对外开启的窗或专为排烟而设置的排烟口进行排烟。

利用可开启外窗的自然排烟，往往受到风向及建筑本身的密闭性或热压作用等因素的影响，有时考虑不周会使自然排烟达不到排烟的目的，甚至由于自然排烟系统助长烟气的扩散，反而给建筑和人们带来更大的危害。由于自然排烟是一种经济、简单、容易操作的排烟方式，因而当今世界各国仍保留着自然排烟的形式。

一、自然排烟的条件

"高规"中对自然排烟的条件进行了规定：

（1）除了建筑高度超过 50m 的一类公共建筑和建筑高度超过 100m 的居住建筑以外，靠外墙的防烟楼梯间及其前室、消防电梯间前室和合用前室（电梯和楼梯合用），宜采用自然排烟。

建筑内的防烟楼梯间及其前室、消防电梯前室或合用前室都是建筑火灾时最重要的疏散通道，一旦采用自然排烟方式其效果受到影响时，整个建筑内人们的生命安全会受到严重的威胁。因此，对超过 50m 高度的一类建筑和建筑高度超过 100m 的其他高层建筑不应采用自然排烟方式。

（2）一类高层建筑和建筑高度超过 32m 的二类高层建筑，无直接对外自然通风窗，且长度不超过20m的走道,或走道两端有自然通风窗,且符合自然排烟条件(如走道长度不超过60m)时,可采用自然排烟。

(3) 防烟楼梯间前室或合用前室可利用敞开的阳台、凹廊或前室内有不同朝向的可开启外窗自然排烟时,则利用自然排烟。

上述建筑形式的建筑,排烟效果受风力、风向、热压等因素的影响小,自然排烟可达到排烟的目的。利用防烟楼梯间前室和合用前室的有阳台或凹廊的建筑形式,见图9-1。

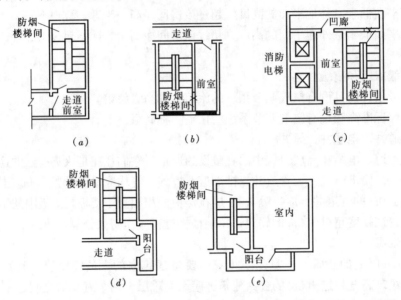

图9-1 自然排烟方式示意图
(a)靠外墙的防烟楼梯间及前室;(b)靠外墙的防烟楼梯间及前室;(c)带凹廊的防烟楼梯间;(d)带阳台的防烟楼梯间;(e)带阳台的防烟楼梯间

二、自然排烟的技术措施

自然排烟是利用自然条件(风压和热压)来进行排烟。采用自然排烟方式进行排烟的部位,首先要求保证有一定的可以开启外窗的面积,"高规"对自然排烟必须的开窗面积作了规定:

(1) 防烟楼梯间前室、消防电梯间前室可开启面积不应小于$2.0m^2$,合用前室不应小于$3m^2$;

(2) 靠外墙的防烟楼梯间,每五层内可开启外窗总面积之和不应小于$2.0m^2$;

(3) 长度不超过60m的内走道,可开启外窗面积不应小于走道面积的2%;

(4) 净空高度小于12m的中庭,可开启的天窗或高侧窗的面积不应小于该中庭地面积的5%。

火灾产生的烟气,因其密度一般比空气小,将会浮升到房间的上部。因此,排烟窗应设置在房间的上方,以利于排出热烟气。

排烟窗的设置,应由暖通专业和建筑专业共同研究确定,设置在上方的排烟窗要求设开启方便的装置。

自然排烟方式主要优点是:不需要专门的排烟设备,火灾时,不受电源中断的影响,构造简单、经济，平时还可兼作通风之用。但是，自然排烟容易受室外风向、风速和建筑本身的密封性或热压作用的影响，排烟效果不够稳定。根据我国目前的经济、技术条件及管理水平，自然排烟方式在国内工程设计中仍被广泛采用。

第四节 机械防烟

高层建筑某部位发生火灾时，对垂直疏散通道，如防烟楼梯间、前室、合用前室及封闭式避难层等非火灾部位，进行机械送风加压，使上述部位室内空气压力值处于相对正压，以阻止烟气进入，保持室内为无烟区，以便人们进行安全疏散。这种防烟设施，对减少火灾损失是很有效的。对于不具备自然排烟条件的垂直疏散通道（防烟楼梯间及其前室、消防电梯间前室或合用前室）和封闭式避难层，应采用机械加压送风的防烟措施。

一、机械防烟的条件

"高规"中对机械防烟的条件进行了规定：

不具备自然排烟条件的防烟楼梯间、消防电梯前室或合用前室。

在自然排烟条件中提到过，对于不能依靠外窗进行自然排烟的防烟楼梯间及其前室、消防电梯间前室和合用前室，应采用机械防烟。另外，虽然上述部位靠外墙，也有外窗可进行自然通风，但对于建筑高度超过50m的一类公共建筑和建筑设计超过100m的居住建筑，仍应采用机械防烟。

建筑设计的形式是多样化的，往往防烟楼梯间和前室的某部位符合自然排烟条件，而另外部位需要采用机械防烟。因此，防、排烟也应采用各种组合形式。见表9-3。

垂直疏散通道防烟部位设置　　　　　　　表9-3

组 合 关 系	防 烟 部 位
不具备自然排烟条件的楼梯间及前室	楼梯间送风
采用自然排烟的前室或合用前室与不具备自然排烟条件的楼梯间	楼梯间送风
采用自然排烟的楼梯间与不具备自然排烟条件的前室或合用前室	前室或合用前室送风
不具备自然排烟条件的楼梯间与合用前室	楼梯间、合用前室送风
不具备自然排烟条件的消防电梯间前室	前室送风

二、加压送风风量计算

为了防止火灾时烟气侵入防烟区，机械防烟加压送风量应保证防烟区的正压要求。防烟部位的正压值是加压送风量计算和工程竣工验收时的依据，它直接影响到防烟系统的使用效果。正压值的确定原则是：在相通的加压部位的门关闭条件下，其正压值应足以阻止火灾层的烟气在热压、风压和浮升力的作用下进入防烟楼梯间、前室和避难层。从防烟效果的角度来说，正压值越大越好，但是，由于疏散门的开启方向要求朝着疏散方向，即推开门，而加压作用力的方向恰好与疏散方向相反，如果正压值过高，可能会使开门困难，甚至打不开，同时，所需要的送风量也越大。因此，"高规"规定了加压送风部位的正压值：

（1）防烟楼梯间要求的正压值为50Pa。

（2）前室、合用前室、消防电梯间和封闭避难层（间）的正压值为25Pa。

同时，又规定了加压部位的门洞在开启时，加压送风所造成的通过门、洞的风速不宜小于0.7m/s。

根据上述对加压部位正压值和门、洞风速的要求，可以计算出加压送风的送风量。

目前，风量的计算公式很多，通常以发生火灾时，保持疏散通道维持必要的正压值和火灾层疏散通道门、洞一定的风速作为计算理论依据。下面分别介绍国内在高层建筑防烟设计计算中，应用比较普遍的两个计算公式：

1. 按保持加压部位正压值（压差法）公式

$$L = 0.827 A \Delta P^{1/n} \times 1.25 \times 3600 \tag{9-2}$$

式中 P——加压送风量，m^3/h；

A——总有效漏风面积，m^2；

ΔP——压差值，或加压部位相对正压值，Pa；

n——指数（一般取2）。

2. 按开启火灾层疏散通道时，保持门、洞处的风速（流速法）公式

$$L = fVm3600 \tag{9-3}$$

式中 L——加压送风量，m^3/h；

V——门、洞断面的平均风速，m/s；

f——开启门的面积的有效面积之和，m^2；

m——同时开启门的数量。

考虑到我国目前在加压送风量的设计计算中存在的问题（如建筑构件及建筑施工质量，设计资料不完整，设计参数不明确等）和对加压送风进行科学实验手段不完善等因素，为了避免计算结果发生太大误差，"高规"根据统一规定的条件，确定了一个风量取值范围表（表9-4～表9-7）作为工程设计选用或根据设计条件进行计算的依据。统一规定条件如下：

防烟楼梯间（前室不送风）的加压送风量　　　　　　　　　　　　　　　表9-4

系统负担层数	加压送风量（m^3/h）	系统负担层数	加压送风量（m^3/h）
<20层	25000～30000	20～32层	35000～40000

防烟楼梯间及其合用前室的分别加压送风量　　　　　　　　　　　　　表9-5

系统负担层数	送风部位	加压送风量（m^3/h）	系统负担层数	送风部位	加压送风量（m^3/h）
<20层	防烟楼梯间	16000～20000	20～32层	防烟楼梯间	20000～25000
	合用前室	12000～16000		合用前室	18000～22000

防烟楼梯间采用自然排烟，前室或合用前室不具备自然排烟时的送风量　　表9-6

系统负担层数	加压送风量（m^3/h）	系统负担层数	加压送风量（m^3/h）
<20层	22000～27000	20～32层	28000～32000

消防电梯间前室的加压送风量　　　　　　　　　　　　　　　　　　　表9-7

系统负担层数	加压送风量（m^3/h）	系统负担层数	加压送风量（m^3/h）
<20层	15000～20000	20～32层	22000～27000

表 9-4~表 9-7 注：1. 表中的风量是按开启 2×1.6 双扇门确定的，当采用单扇门时，其风量可乘以 0.75 系数计算；当有 2 个或以上的出入口时，其风量应乘以 1.5~1.75 系数计算。开启门时通过门的风速不宜小于 0.7m/s。2. 风量上下限选取应按层数、风道材料、防火门漏风量等综合比较确定。

(1) 基本条件：

开启门的数量：20 层以下，$m=2$；20 层以上，$m=3$。

正压值：楼梯间，$P=50$Pa；前室，$P=25$Pa。

开启门面积：疏散门，2.0m×1.6m；电梯门，2.0m×1.8m。

(2) 浮动条件：

有些条件受到建筑构件和使用条件的影响，因此，规定一个浮动范围。

门、洞断面风速：$V=0.7~1.2$m/s

门缝宽度：疏散门，0.002~0.004m；电梯门，0.005~0.006m

防烟楼梯间采用自然排烟，前室或合用前室不具备自然排烟条件时送风量。

上述表格中的风量是按开启 2.0m×1.6m 双扇门确定的，当采用单扇门时，其风量乘以 0.75 系数计算，当有两个或两个以上出、入口时，其风量应乘以 1.5~1.75 的系数计算，开启门时，通过门的风速不宜小于 0.75m/s。

层数超过 32 层的高层建筑，机械加压送风系统应分段设置，其送风量应分段分系统进行计算。

计算风量的依据不同，对同一工程而言，其风量计算结果可能不同，这主要是建筑门、洞面积和有效缝隙面积比例不同，下面计算公式表示压差法和流速法公式两者之间的关系：

$$V = \frac{1.25 \times 0.827 A \Delta P^{1/N}}{mf} \quad (9-4)$$

此公式可以验算利用压差法计算出的风量门、洞的实际风速。

三、机械加压送风系统设计

防烟楼梯间及其前室、消防电梯间前室和合用前室的机械加压送风，一般设计成竖向系统，即各层相同的加压部位组成一个系统，见图 9-2。S_y-1 为楼梯间加压送风系统，g-1 为送风口，每隔 2~3 层设一个，全部开启，风口应具有调节功能，力求使各个送风口送风量均匀，送风口风速不宜大于 7m/s。

S_y-2 为合用前室加压送风系统，g-2 为加压送风口，一般为多叶送风口，是一种专用产品，靠烟感器控制，电讯号开启，也可手动，输出电讯号联动送风机开启，手动复位。

加压送风口的开启方式，"高规"没有作明确规定，目前，在工程设计中，一般有三种

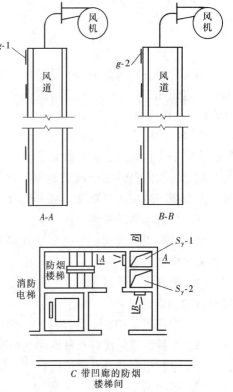

图 9-2 加压送风系统平剖面图

设计形式：

(1) 火灾时，开启火灾层及其上、下相邻层送风口，同时开启三个送风口。
(2) 火灾时，只开启火灾层送风口。
(3) 火灾时，开启所有各层的送风口。

加压送风系统的控制方式一般是由消防控制中心远距离控制和就地控制两种形式相结合，消防控制中心设有自动和手动两套集中控制装置，当大楼某部位发生火灾时，通过火灾报警系统将火情传送至消防控制中心，随即通过远程控制系统（自动或手动）控制，开启加压送风口，同时，联动开启送风机。任何加压送风阀开启时，送风机都要求开启。

开启火灾层及其上、下相邻层三个送风口的形式，是目前在工程设计中采用比较普遍的形式。此种方式的缺点是：风量不能集中使用，在风量计算时，20层以下的建筑，风量是两层计算的，风量有可能不够，因不论哪层发生火灾，送风口会随即开启。因此，上、下相邻层送风口是否要同时开启，是值得研究讨论的，而且这种控制方式相应比较复杂一些。

只开启火灾层送风口的形式，风量集中满足了火灾层要求，控制方法也相应简单些，但应防止送风量过大，而使送风部位超压。宜考虑采用泄压阀，保持前室内正压值不要超过50Pa。

同时开启各层送风口的方式，控制方法简单，但风量比较分散。

不论哪种开启送风口的方式，最终目的是保证火灾层加压送风部位的防烟效果。送风口开启方式，既要求送风效果好，还要求保证使用可靠、经济，这还需要在实践中不断总结。

第五节 机 械 排 烟

烟气中的主要成分是 CO 和 CO_2，其次是醛类和氮氧化合物。据资料介绍，一般 CO 的浓度达到 0.5% 时，人会感到剧烈头晕，经 20～30min，人就有生命危险。火灾时，房间内的 CO 浓度可达 0.01%～0.65%，由于烟气的扩散，会使火灾区人的能见度降低，看不清疏散口的标志，给人们疏散和消防人员扑救带来很大的困难。在很多火灾案例中都表明，火灾中伤亡的人，大多数并非因火灾而烧死，而是在浓烟中窒息而亡。排烟设计的目的，就是为人们提供安全疏散通道，保证人的生命安全，为消防人员的扑救创造必要条件，并控制和减少火势蔓延，减少生命和财产的损失。

一、机械排烟的条件

根据"高规"规定：一类高层建筑和建筑高度超过32m的二类建筑的下列部位，应设置机械排烟设施：

(1) 无直接自然通风，且长度超过20m的内走道，或虽有直接自然通风，但长度超过60m的内走道。
(2) 面积超过 $100m^2$，且经常有人停留或可燃物较多的无窗房间，或设置固定窗的房间。
(3) 不具备自然排烟条件或净空高度超过12m的中庭。
(4) 除利用窗井等开窗进行自然排烟的房间外，各房间总面积超过 $200m^2$，或一个房间面积超过 $50m^2$，且经常有人停留或可燃物较多的地下室。

一类建筑，一般情况下所用装修材料比较多，相对可燃物也比较多，同时，陈设及贵重物品多，楼梯间人员疏散困难。建筑高度超过32m的二类建筑的垂直疏散距离大，人员疏散也比较困难。因此，设置排烟设施时，以此为划分条件。

走道排烟是根据自然通风条件和走道的长度进行划分的，这主要是考虑到了人在浓烟中疏散，可能忍受的距离。

在房间排烟条件中，规定有"经常有人停留或可燃物较多的房间"的文字，未进行数量规定，这主要是由于建筑使用功能的复杂性、多样化所致，难以作定量规定，只能以一些例子供设计使用参考。例如：多功能厅、餐厅、会议室和贵重物陈列室等，设计者可根据工程的具体情况正确的确定排烟设计方案。

地下室排烟条件的规定比地面建筑要严格些。因为，地下室发生火灾时，高温烟气会很快充满整个地下室，而自然通风条件很差，人员的疏散和消防人员的扑救比地上建筑都要困难得多。

二、走道和房间的机械排烟

高层建筑楼层数量比较多，为了达到排烟系统的可靠性，同时，又要考虑到经济实用，走道一般是设计成竖向排烟系统。在建筑内靠近走道的适当位置设置竖风道，在各层风道上靠近顶棚的位置设置排烟口。排烟口具有电信号开启和手动开启，并输出电信号功能，可设置280℃自动关闭的作用，排烟风机一般设在室顶层。排烟口平时关闭，当大楼某层发生火灾时，通过火灾报警系统将火情传送至消防中心，消防中心通过远程控制系统（自动或手动）控制，开启火灾层的排烟口，同时，联动开启排烟风机。排烟阀开启时，排烟风机都能开启。另外，建筑各层属于不同防火分区，避免各防火分区火势串流，排烟口要求具有烟气温度超过280℃时自动关闭的功能。当烟气温度达到或超过280℃时，烟气中可能带有火种，应该立即停止该火灾层的排烟，否则，火势就有可能串至其他各层，而危及其他楼层，造成火势蔓延。排烟支风管上，也应设置当烟气温度超过280℃时能自行关闭的防火阀。防烟分区内的排烟口距最远点的水平距离，不应超过30m，当走道长度过长或面积过大时，可进行防烟分区，在防烟分区内分别设置排烟口，或分别单独设置排烟系统，以便提高排烟的效果。

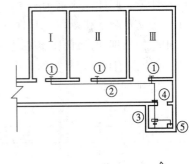

房间的排烟系统与走道基本相同，图9-3是在一个防火分区内，三间房间组成的一排烟系统，将每间房间视为一个防烟分区。①为排烟阀；②为排烟风道；③为排烟风机；④为防火阀；⑤为排烟竖风道。各房均设排烟口。排烟阀平时全部关闭，当某一房间发生火灾时，该房间烟温感器进行自动报警，排烟阀立即开启，排烟风机与之联动。当排烟温度高并带火种时，关闭排烟风机也不能阻止烟火垂直蔓延，且起不到防止烟气蔓延到排烟风机所在层的作用。因此，应在排烟风机的入口管上设置能自动关闭的防火阀。

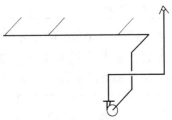

图9-3 走道排烟系统示意图

对于面积较大的房间，需要对房间进行防烟分区，如图9-4。将房间分成了三个防烟分区，防烟分区隔断采用的挡烟垂壁，顶棚下突出0.5m以上，如图9-5所示。

中庭排烟方式参见图 9-6，排风口应设置在最上部区域。

三、排烟风量计算

在一个防烟分区内，也就是房间不进行防烟分区时，走道和房间的排烟风量按下式计算：

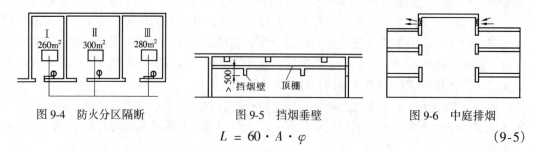

图 9-4　防火分区隔断　　　图 9-5　挡烟垂壁　　　图 9-6　中庭排烟

$$L = 60 \cdot A \cdot \varphi \tag{9-5}$$

式中　L——排烟风量，m^3/h；
　　　A——房间面积，m^2；
　　　φ——漏风系数。

即按排烟走道或房间面积 A，每平方不小于 $60m^3/h$。当房间进行防烟分区时，应按最大防烟分区面积计，每平方米不小于 $120m^3/h$，计算公式如下：

$$L = 120 A_{\max} \cdot \varphi \tag{9-6}$$

式中　$A_{\max}$——最大防烟分区的面积，m^2。

按最大防烟分区面积每平方米不小于 $120m^3/h$ 并不是把防烟分区排风量增大一倍，对每个防烟分区（包括最大防烟分区）的排风量仍然按防烟分区内面积每平方米不小于 $60m^3/h$ 计算。此计算风量是用于选择排烟风机的风量，具体而言，当排烟风机负担两个或两个以上防烟分区排烟时，只保证两个防烟分区同时排烟，确定排烟风机的风量。

走道的排烟计算面积，包括走道本身的面积和连通走道的无窗房间或设有固定窗房间面积之和，不包括有可开启外窗的面积，选择风机时，单台风机排风量不应小于 $7200m^3/h$。

中庭排烟风量见表 9-8。

中庭机械排烟风量　　表 9-8

中庭体积（m^3）	排烟量（次/h）	备　注
<17000	6	
>17000	4	不应小于 $102000m^3/h$

负担两个和两个以上防烟分区的排烟系统风量分配方法，通过以下例题说明。

【例 1】　A 房面积 $380m^2$；B 房面积 $200m^2$；C 房面积 $350m^2$；房间排烟风量分别为：$22800m^3/h$；$12000m^3/h$ 和 $21000m^3/h$，如图 9-7 所示。

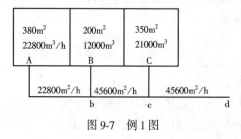

图 9-7　例 1 图

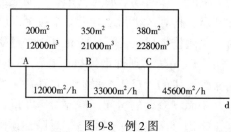

图 9-8　例 2 图

A-b 管段按 A 房的排烟量；b-C 管段按 A 房风量的两倍计算，即系统最大风量；C-d 管段风量同 b-C。

【例2】 将例1各房间位置进行变换，最大防烟分区的房换到系统的最后，取 A-b 管段计算风量为 12000m³/h，b-C 管段计算风量为 A，B 房排烟量之和 33000m³/h，C-d 管段系统最大风量 45600m³/h。如图 9-8 所示。

四、机械排烟系统设计要点

(1) 排烟风机可采用普通的离心风机和专用的排烟轴流风机，其特性要求是保证在烟气温度的条件下，能连续工作 30 分钟。对于风机的耐热问题，从消防科研部门进行的试验结果表明，国产的普通中、低压离心风机完全可以满足现行规范排烟的要求。随着防火设备的开发、生产，目前国内已生产出多种类型的排烟轴流风机，可供设计选用。

(2) 在排烟风机的人口总管及排烟支管上，应设置 280℃时能自动关闭的防火阀。

(3) 排烟口应设在顶棚或靠近顶棚的墙面上。排烟口平时关闭，当发生火灾时，只开启火灾区的排烟口。排烟口应设手动和自动开启装置，排烟口和排烟阀应与排烟风机连锁，任何一个排烟口或排烟阀开启时，排烟风机都能立即启动。

(4) 机械排烟系统一般最好单独设置，且要求控制简单、使用效果好。为了节省投资和建筑平面及空间，有条件时可与通风系统合用。

(5) 机械排烟风道必须采用非燃材料制作，工程中经常采用的有两大类：一是金属风道，如厚度等于 1.0mm 左右的钢板风道；另一类是非金属材料风道，常用的有混凝土风道、砖风道或混凝土和砖混合风道。金属风道比较严密，漏风量少，内壁比较光滑，摩擦阻力小；非金属风道比较简单，通常是要求土建专业设计，即所谓"建筑风道"。非金属风道漏风量比较大，其严密性受到土建施工质量的影响，往往很难把握质量，从而造成严重的漏风。漏风对排烟系统的影响非常大，一旦漏风量大，火灾部位排烟量就得不到保证，将影响排烟效果。另外，非金属风道空气阻力也比较大。因此，非金属风道应谨慎采用。机械排烟风道及风口的允许最大风速见表 9-9。

机械排烟系统允许最大风速 表 9-9

风道及风口	允许最大风速 (m/s)
金属风道	< 20
内表面光滑的混凝土风道	< 15
排烟口	< 7

风道内烟气流速在允许最大风速时，阻力比较大，会造成距排烟风机最远和最近排烟口之间很大的气流压降，使各排烟口的排风量不易均匀，导致风道内负压增大，同时漏风量也会增加。因此，有条件的情况下，风道内的风速不宜取值过大。

(6) 安装在吊顶内的排烟管道，其隔热层应采用不燃材料制作，并应与可燃物保持不小于 150mm 的距离。

五、排烟系统的控制方式

高层建筑发生火灾时，要求消防系统迅速、准确、可靠地投入运行，正确地控制和监视排烟系统的动作顺序是十分重要的。

对于重要建筑的消防，《火灾自动报警系统设计规范》规定，要求设置消防控制中心。消防系统是一套完整的防火灾系统，建筑发生火灾时，烟感器（或温感器）接受火灾报警后，将火灾信号传输到消防控制中心的集中报警控制器，然后立即启动消防水泵和防排烟设备。同时，关闭空调系统和防火卷帘，停止电梯使用及供电系统。消防电梯为保安供电，仍保持正常工作，供消防人员扑救火灾使用。

火灾时，排烟系统首先要开启排烟口，排烟口平常是关闭的（常闭）。火灾时可以用自动和手动两种方式开启。

1. 自动开启

当火灾发生时，火灾部位的烟感器（或温感器）感知而发出信号，信号传输到消防控制中心，火灾报警控制器将信号放大，并输出DC24V电信号至排烟口或排烟阀执行机构，使电磁铁吸合，开启排烟口百叶叶片，排烟口开启的信号又直接反馈到消防控制中心，由控制中心再联动其配套的相应设备，如排烟风机。

2. 手动开启

与自动开启不同之处，排烟口是通过拉手远程控制，直接开启排烟口，许多排烟口产品具有自动和手动两种独立的传动方式，可同时采用，可靠性更强。对于要求较低的建筑，室内不设烟温感器也不设消防控制中心时，排烟口只能采用手动开启。

图9-9为不设消防控制中心的房间机械排烟控制程序示意图。

图9-9（a）为靠手动开启排烟阀，排烟口和排烟风机连锁的手动控制的基本排烟程

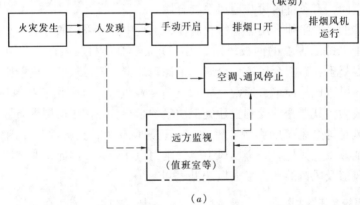

(a)

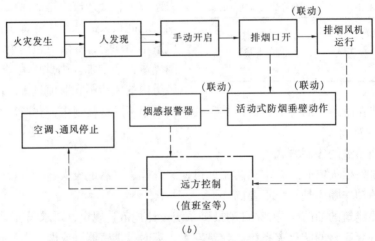

(b)

图9-9 不设消防控制中心的房间机械排烟控制程序
(a)手动控制的基本排烟程序；(b)具有烟感器和联动方法的排烟程序

序；图9-9（b）为设有烟感器报警，有活动式防烟垂壁的手动控制程序，火灾时，烟感器报警，挡烟垂壁动作，联动排烟口和排烟风机启动，有信号送到值班室，遥控空调通风设备停止运行。

图9-10是设有消防控制中心的房间机械排烟控制程序。

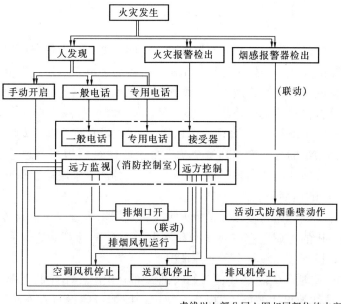

图 9-10 消防控制中心集中控制的控制程序

图9-10表示，火灾时，火灾报警器动作后，房间的排烟口和排烟风机的开启、空调设备和通风送、排风机的停止等动作均由消防控制中心集中控制。

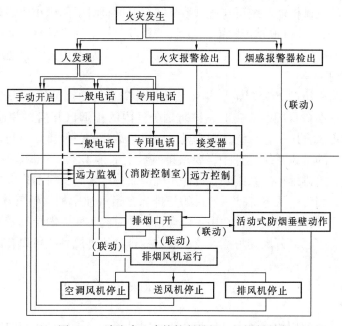

图 9-11 消防中心直接控制排烟口的控制程序

157

图 9-11 表示，火灾时，火灾报警器动作后，房间的排烟口由消防控制中心开启，然后排烟口的微动开关输出电信号，联动排烟风机开启，同时联动关闭空调设备和通风送、排风机。

第六节 地下汽车库的排烟设计

近些年来，新建的汽车库逐渐向高层和地下空间发展，其投资费用比较大，一旦发生火灾，将产生大量的烟气，如果不迅速排出室外，容易造成人员伤亡事故，也给消防人员进入地下扑救带来困难。因此，地下汽车库设置排烟系统的目的，一方面是为了人员安全疏散；另一方面是方便消防人员扑救火灾。《汽车库、修车库、停车场设计防火规范》（以下简称"规范"（GB 50067—97）规定，面积超过 2000m^2 的地下汽车库应设置机械排烟系统，设有机械排烟系统的汽车库，其每个防烟分区的建筑面积不宜超过 2000m^2，且防烟分区不应跨越防火分区，与"高规"规定一样，防烟分区可采用挡烟垂壁、隔墙或从顶棚下突出不小于 0.5m 的梁划分。

地下汽车库的可燃物相对较少，发生火灾时，发烟量也较少，而且停留人员少。"规范"规定，排烟风机的排烟量应按换气次数不小于 6 次/h 计算确定。一般认为，工程设计中按此方法计算排烟量比较符合于实际情况。

地下汽车库火灾时产生的烟气，开始时绝大部分积聚在车库的上部，若将排烟口设在车库的上方，排烟效果比较好。"规范"规定，排烟口应设置在车库的顶棚上或靠近顶棚的墙面上，排烟口与防烟分区最远地点的距离关系到排烟系统效果的好坏。排烟口与最远排烟地点距离太远，将会影响排烟速度，会降低排烟装置的安全性。因此"规范"规定了排烟口距该防烟分区内最远点的水平距离不应超过 30m，这一点与"高规"是一致的。

地下汽车库的机械排烟系统可与通风系统联合设计，对于面积小于 2000m^2 的汽车库，"规范"未规定要求设计机械排烟装置，但是，"规范"规定的排烟量与通风排风量均为换气量 6 次/h，如果排风机满足排烟要求，地下汽车库一旦发生火灾时，通风排风系统也可以起到排烟的作用。

地下汽车库面积超过 2000m^2 时，排烟系统设计应进行防烟分区，每个防烟分区内都应设计排烟口，排烟口常闭。火灾时，该防烟分区内的排烟口开启，并连锁启动排烟风机，如果排烟和排风合用一套系统，则排风机一般是常开的，但排烟口与排风机仍应设计连锁装置，在以往的排风系统设计中，要求排风量上部排 1/3，下部排 2/3，而排烟设计要求从上部排风，给排烟排风系统联合设计系统造成一定矛盾，目前许多排风设计也考虑全部从上部排风，因为，从下部排风的目的是排除含铅汽油中的含铅气体，铅的比重大，沉积在下部，考虑到今后使用的汽油中不会含铅，同时汽车库一般层高较矮，在汽车行驶的扰动下，室内有害气体分层的可能性较小。这样排烟和排风系统可以合用。

第七节 防、排烟设备及部件

防、排烟系统所使用的设备，一般为消防专用设备。为了保证火灾时，防、排烟系统能安全、可靠地运行，要求对防、排烟设备和部件等产品进行鉴定，并由消防主管部门批准后方可选用。

一、防、排烟风机

1. 加压送风机

加压送风机一般无特殊要求，普通的中、低压离心风机和专为加压送风用的轴流风机均可满足要求。

2. 排烟风机

排烟风机有耐温要求，"高规"规定，排烟风机应保证在280℃时，能连续工作30分钟，一般常用的普通离心风机均可满足。目前工程中普遍选用的有4-68型离心风机等。

排烟轴流风机是专为机械排烟系统开发出来的产品，可以满足"高规"规定的耐温要求，并具有双转速、两种风量，为机械排烟和通风排风合用系统设备选型提供了方便。

二、防、排烟阀和排烟口

防、排烟系统中，不同位置对阀和排烟口有不同要求。表9-10列出了各种用途阀门的性能。

各种防排烟阀和排烟口的性能　　　　　　　　　　　表 9-10

类别	名称	性能	用途
防火类	防火阀	空气温度70℃时，阀门自动关闭可输出联动信号，靠熔断器工作	用于风管内，防止火势蔓延
防火类	防烟、防火阀	靠烟感器控制动作，用电讯号通过电磁铁关闭（防烟），还可通过70℃温度熔断器自动关闭防火	用于风管内防止烟、火蔓延
防烟类	加压送风口	靠烟感器控制，电讯号开启，也可手动（或远距离缆绳）开启，可设有280℃温度熔断器防火关闭装置，输出动作电讯号，联动加压风机开启	用于加压送风系统的送风口
排烟类	排烟阀	电讯号开启或手动开启，输出开启电讯号联动开启排烟风机，手动复位	用于排烟系统的风管上
排烟类	排烟防火阀	电讯号开启和手动开启，280℃温度熔断器防火关闭装置，输出动作电讯号	用于排烟系统及排烟风机入口的风管上
排烟类	排烟口	电讯号开启，手动（或远距离缆绳）开启，输出电讯号联动开启排烟风机，可设280℃温度熔断器	用于排烟房间，走道顶棚或墙壁上

三、产品实例

【例】 某办公楼，28层，面积3.8万 m^2，为一类建筑，标准层平面见图9-12。

（1）为防烟楼梯间及其消防电梯合用前室。"高规"8.3.1.1条规定：不具备自然排烟条件的防烟楼梯间，消防电梯间前室或合用前室，应设置独立的机械加压送风的防烟设施。

（2）为西楼梯间及其前室。根据"高规"8.2.1条规定内容，高度超过50m的一类公共建筑，虽然有自然通风的外窗，仍要采用机械加压送风的防烟设施。

（3）为东楼梯间。"高规"8.2.3条规定：防烟楼梯间前室或合用前室，利用敞开的阳台、凹廊……内有不同朝向的可开启外窗自然排烟时，该楼梯间可不设防烟设施，因此，

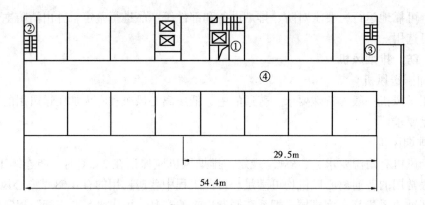

图 9-12 标准层平面图

东楼梯间符合自然排烟条件。

（4）为内走道，长度超过 20m，一端有外窗，不利于形成自然对流排烟，应设置机械排烟设施。

1. 防烟楼梯间及其消防电梯合用前室

防烟楼梯间和合用前室分别设置竖风道，分别组成 H_y-1 和 H_y-2 防烟设施。

（1）H_y-1：防烟楼梯间机械加压送风系统

1）加压送风量

室内正压 $\Delta P = 50\text{Pa}$，有效漏风面积 $A = 0.3\text{m}^2$

$$L_s = 0.827 \times A\Delta P^{1/n} \times 1.25 \times 3600$$
$$= 0.827 \times 28 \times 0.03 \times 50^{1/2} \times 1.25 \times 3600$$
$$= 22105\text{m}^3/\text{h}$$

查表：风量为 $20000 \sim 25000\text{m}^3/\text{h}$

取 $L_s = 25000\text{m}^3/\text{h}$

2）风道断面积

$$f = \frac{25000}{14 \times 3600} = 0.50\text{m}^2$$

风道内风速取 14m/s

取：风道断面尺寸 800mm × 630mm

3）加压送风口

每三层设一常开送风口，共 9 个，采用普通双层百叶风口，风口面积 f'。

$$f' = \frac{25000}{6 \times 9 \times 3600} = 0.13\text{m}^2$$

送风速度取 6m/s

风口断面尺寸取 360mm × 360mm

4）风机选择

$$L_s = 1.1 \times 25000 = 27500\text{m}^3/\text{h}$$
$$H = \Sigma(Rl + Z) + \Delta P$$

式中 $\Sigma(Rl + Z)$——管道系统的总阻力（Pa），取 350Pa；

ΔP——室内正压，取 50Pa。

$\therefore H = 1.1 \times (350 + 50) = 440\text{Pa}$

(2) $H_y\text{-}2$：合用前室

1) 加压送风量

每三层作为一个送风单元

室内正压 25Pa，有效漏风面积 $0.4\text{m}^2/\text{层}$。

$$L_s = 0.827 \times 3 \times 0.4 \times 25^{1/2} \times 1.25 \times 3600 = 22300\text{m}^3/\text{h}$$

查表：风量为 $18000 \sim 22000\text{m}^3/\text{h}$

门、洞有效面积为 2.4m^2，门、洞风速 v：

$$v = \frac{22000}{2.4 \times 3 \times 3600} = 0.85\text{m/s}$$

取 $L = 22000\text{m}^3/\text{h}$

2) 风道断面积

$$f = \frac{22000}{14 \times 3600} = 0.436\text{m}^2$$

取风道断面为 $700\text{mm} \times 630\text{mm}$

3) 加压送风口

每层设一常闭送风口，共 28 个。选用多叶电动送风口，按总风量的三分之一选择：

$$f' = \frac{22000}{6 \times 3 \times 3600} = 0.34\text{m}^2$$

加压送风口断面尺寸为 $630\text{mm} \times 630\text{mm}$

(3) $H_y\text{-}3$：西楼梯间及其前室

楼梯进行机械加压送风，前室不送风，送风量查表，$L_s = 35000 \sim 40000\text{m}^3/\text{h}$，每三层设一送风口，常开。其他同 $H_y\text{-}1$。

(4) $P_y\text{-}1$：走道排烟装置

走道长度 52m，宽度 1.8m。

排烟风量

$$L_p = 52 \times 1.8 \times 60 = 5616\text{m}^3/\text{h}$$

排烟风量按 $60\text{m}^3/(\text{m}^2 \cdot \text{h})$

根据"高规"规定单台风机最小排烟量不应小于 $7200\text{m}^3/\text{h}$，取排烟量为 $7200\text{m}^3/\text{h}$。

排烟口选择

每层设一个排烟口，常闭，火灾时，开启火灾层排烟口。

$$f' = \frac{7200}{8 \times 3600} = 0.25\text{m}^2$$

排烟口风速 8m/s，选择多叶排烟口，装置有 280℃ 温度熔断器，规格为 $500\text{mm} \times 500\text{mm}$。

其他同前（略）。

第十章 暖通空调系统的节能设计与测控设计

随着暖通空调系统的广泛应用，暖通空调系统已经成为能耗大户。在世界性能源紧张的今天，降低暖通空调的能耗有着重要的意义。如前所述，对于暖通空调系统的节能主要体现在良好的系统设计和运行管理上，而良好的设计又是优良运行管理的基础。

第一节 影响暖通空调系统能耗的因素

影响暖通空调系统能耗的因素很多，在这些因素中它们往往相互作用共同影响着暖通空调系统，影响过程也极其复杂。主要的因素有下面几个方面：

1. 围护结构的传热特性

根据 $Q = KF(t_{wz} - t_n)$ 可知，围护结构的综合传热系数越小，通过围护结构的冷（热）损失就越小。在其他参数一定的条件下，减小围护结构的综合传热系数对降低空调系统的能耗有着重要意义。为此建设部于2001年制定并颁布了《夏热冬冷地区居住建筑节能设计标准》，要求居住建筑通过采用增强建筑围护结构保温隔热性能和提高采暖、空调设备能效比的节能措施，在保证相同的室内热环境指标的前提下，与未采取节能措施前相比，采暖、空调能耗节约50%。

2. 室外气象参数及周围热湿环境

室外太阳辐射强度、风速、空气温度、湿度以及周围的热湿环境状况对空调系统的能耗有着直接的影响，太阳辐射强度、风速、空气温度、建筑形式、朝向、外粉刷等直接影响着室外空气综合温度，而室外空气温度和湿度又决定着室外空气的焓值，影响系统新风负荷的大小，同时还影响空调冷热源设备的运行效率。

3. 室内设计参数及空调作用方式

如本书第一章所述，室内空气温度、湿度、风速、平均辐射温度以及空调系统对人体的作用方式等不仅影响着人体的热舒适，而且影响系统的负荷大小，此外也对空调系统的运行效率产生影响。

4. 空调系统各设备自身的性能、效率

5. 空调系统的整体性能

一个空调系统各部分设备性能即使很好，但如果系统设计不当，由它们组合成的系统其整体性能也可能很差。要想获得一个优秀的空调系统仅有单个性能良好的设备是远远不够的，需要把它们优化组合起来。

6. 系统运行方式及运行管理情况

如前所述，空调系统绝大部分时间都是在部分负荷下运行，为了使系统适应负荷变化的需要，必须对系统进行监测调控。调控的技术水平、手段等毫无疑问会直接影响到系统的运行好坏。另一方面，为了适应负荷的变化，系统的运行方式，即如何运行，连续运行还是间断运行等对系统的能耗及室内环境的影响是不同的。

第二节 暖通空调系统的节能设计

暖通空调系统的设计好坏决定着暖通空调系统的投资大小、性能好坏、能耗高低，可以说设计起着决定性作用。良好的系统，不仅性能可靠、造价合理，而且系统的运行调控性能良好。作为暖通空调系统的设计人员必须以高度的责任心、精益求精的精神，做好设计。当然，做好一项暖通空调工程设计会涉及到许多方面。

1. 选择合理的设计方案

如前所述，选择合理的方案是设计良好的暖通空调工程系统的关键。方案的选择首先要可行，要符合国家的能源、环境等相关政策、法规。要考虑天然可再生能源、低品位能源的充分利用，如太阳能、风能、地源热、各种废热等。

2. 选择最适合的空调作用方式和气流组织方式

一般情况下辐射方式比对流方式更节能，如低温辐射地板采暖、辐射空调、辐射与对流相结合的方式等。对于高大空间应推荐采用下送上回类似于置换式通风的气流组织方式，特别是对于如剧院、体育场馆等建筑。

3. 合理选择设备

既要选择性能良好的设备，又要使各种设备能很好的组合运行。对耗能量大的冷水机组，首先是要了解它们的性能，如蒸汽压缩式制冷机组，有活塞式、螺杆式、离心式等。目前可以大致规定，当空调冷负荷大于1744kW时应选用离心式冷水机组；当空调冷负荷为700~1000kW时，可选用螺杆式冷水机组；当冷负荷小于120kW时，才选用活塞式冷水机组。这么规定，主要是考虑到冷水机组的特性、能耗等因素，对于同一种形式的冷水机组，还要考虑在部分负荷运行时其性能如何，蒸发器、冷凝器的阻力大小及各设备的性能优化组合等等。合理的选择空调设备，在很大程度上决定了空调系统在今后的运行能耗。

4. 注意过程设计和系统的优化控制设计

如前所述，系统实际运行中基本上都是在部分负荷下运行，室外气象参数也与设计不同，从而系统的运行工况与设计是不同的。必须注意以下几个方面：

（1）在部分负荷运行时，系统和设备可调，能使系统和设备即使在部分负荷工况下也能在高效状态下运行，避免"大马拉小车"。

（2）当室外空气的温度或焓值低于室内空气时，应尽可能大量引入新风，尽量缩短全年开启空调主机的时间。一般情况下，一台新风机组消耗的功率只有几十千瓦，而一台主机（制冷机组）所消耗的功率有几百千瓦，可见在设计中考虑尽可能地利用新风对降低系统的能耗、提高室内的空气品质等都起着重要的作用。

（3）要充分考虑到系统的季节转换和调节问题，使系统能在全年不同的室外气象区域内，实现最优运行。

（4）设计良好的暖通空调控制系统，或留有与楼宇自动化系统相连的接口，以便实现系统的自动优化管理。

5. 进行能量回收利用设计

空调房间一般设有新风系统,同时,有许多房间设有排风系统,排风的空气参数接近空调房间的室内空气参数,从而造成能量损耗。因此,如果送入的新风可以吸收部分排风中的能耗(包括冷量和热量),这种能量的回收利用称为热回收。

热回收的方式很多,如转轮换热器、中间热媒式换热器、板式显热换热器等。不同方式的热回收设备的效率、设备费用以及维护保养要求有所不同,表 10-1 是各种热回收方式的粗略比较。

各种热回收方式的比较 表 10-1

热回收方式	效　　率	设备费用	维护保养
转轮换热器	A	B	B
中间热媒式换热器	C	A	A
板式显热换热器	B	B	B
板翅式全热换热器	A	B	B
热管换热器	B	B	A

注：表中 A、B、C 的排列顺序为由好至差。

(1) 转轮换热器：

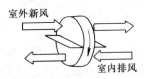

图 10-1 转轮式热交换器工作原理图

转轮换热器主要由转轮、驱动电机、机壳和控制部分组成,转轮中间部分有分隔板,把排风侧和新风侧分开。转轮内的填料为蓄热体,排风和新风逆向流过转轮时,蓄热体将排风中的能量储存起来,然后再释放出来传给新风。如果转轮用吸湿材料制作,则不仅仅能回收显热,而且可以回收潜热,因而被称为全热换热器。转轮换热器是利用转轮材料和空气之间的温度差和水蒸气分压力差进行热、湿交换的,空气通过转轮的流速一般为 2.5~3.5m/s,转轮的旋转速度约为每分钟 8~10 转。转轮换热器原理图见 10-1。

转轮换热器的特点如下：
1) 有较高的热回收效率,一般可达 70%~80%,既能回收显热,又能回收潜热。
2) 排风和新风交替逆向流过转轮,有自净作用,不易被灰尘堵塞。
3) 可以通过调节转轮的旋转速度来调节热回收效率,能适应不同的室内外空气参数。
4) 设备比较大,占用建筑面积较大。
5) 要求把新风和排风集中在一起,配管灵活性差,有时会给系统布置带来一定困难。
6) 当排风和新风的压差比较大时,可能通过分隔板的密封圈有少量空气掺混,而产生交叉污染。
7) 有动力传动装置,而且空气流动阻力较大,能耗相应较大。

影响转轮换热器换热效率的因素有：
1) 空气流动速度。空气流过转轮时的迎面风速越大,效率越低;反之,效率越高,但转轮的断面积也相应增大,如图 10-2 所示。一般认为空气流过转轮时的经济流速为 2~4m/s。
2) 转轮转速。转轮的转速与换热效率的关系如图 10-3 所示,当转速低于 4r/min 时,效率明显下降,但当转速增大至 10r/min 后,效率几乎不再变化。

3) 比表面积。转轮单位体积的换热表面积称为比表面积，比表面积越大，能量回收效率越高，随着比表面积的增加，空气流经转轮的压力损失也会增加，一般认为经济比表面积为 2800~3000m²/m³ 为宜。

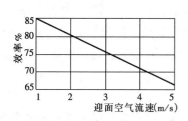

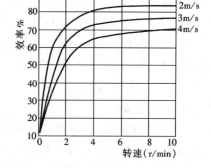

图 10-2 迎面风速与效率的关系

图 10-3 转速与效率的关系

为了防止转轮被灰尘堵塞，在转轮空气入口处宜设置空气过滤器。在北方寒冷地区，由于室外空气温度很低，应防止转轮上结霜和结冰，并应采取相应的预防措施，如在新风入口管上设置空气预热器及自动控制装置。

(2) 中间热媒式换热器：

中间热媒式换热器是通过中间热媒传递新风和排风热能的换热装置，其原理见图 10-4。

夏季：中间热媒在排风换热器中被冷却至 t_2，进入新风换热器中冷却新风，将新风温度从 t_{s1} 降至 t_{s2}，中间热媒温度升至 t_1，再进入排风换热器中被冷却，排风温度从 t_{p1} 升至 t_{p2}，如此循环。冬季则相反，利用中间热媒加热新风。

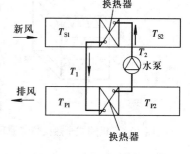

中间热媒式换热器的特点是：

1) 中间热媒不与新风、排风直接接触，不存在污染。

图 10-4 中间热媒式换热原理图

2) 新风、排风口的位置不受限制，系统布置灵活。

3) 因为要通过中间热媒间接换热，效率比较低，一般约为 40%~50%。

(3) 板式显热换热器：

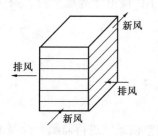

板式显热换热器利用金属板面间接传热，只能回收利用显热，图 10-5 为板式显热换热器的原理图。

板式显热换热器的主要特点是：

1) 构造简单，运行安全可靠，没有动力设备，不消耗电能。

图 10-5 板式显热换热器原理图

2) 设备费用相对而言比较低。

3) 只能回收显热，换热效率比较低。

4) 设备体积比较大，占地面积大。

(4) 板翅式全热换热器：

板翅式全热换热器的结构与板式显热换热器基本相同，其工作流程也完全相同，只是换热器的本体是用多孔纤维性材料制作，并对其表面进行特殊处理后制成的单元体。将单元体的波纹板交叉叠积，并且用胶使波纹的峰谷与隔板粘结便制成了板翅式全热换热器，图10-6为板翅式全热换热器的原理图。多孔纤维性材料具有一定的传热性能和透湿性能，当新风、排风之间存在温差和水蒸气分压力差时，则在新风、排风之间进行热、湿交换，从而达到传热、传质的作用。板翅式全热换热器的隔板具有传热、透湿性能，因此，它是一种静止式的全热换热器。

(5) 热管换热器：

热管是封闭的管子，排除管内所有的不凝结性气体，装有多孔结构的吸液芯和少量的可气化的液体，如氟利昂、氨、甲醇等。热管由三部分组成，即蒸发段、绝热段和冷凝段。图10-7是单根热管的示意图。其工作原理是通过蒸发段，将管外的热能经管壁传给工质流体（气体），在冷凝段，工质凝成液体，并将潜热传给外壁，位于蒸发段和冷凝段之间的部分被称为绝热段，是冷、热之间的通道，并将冷、热源分隔开，在管壳内部是吸液芯，吸液芯内有许多细小毛孔或沟槽，在其中充满了工质液体，利用液体的表面张力，将液体从冷凝段传输给蒸发段，工质蒸气从蒸发段经管中通道流向冷凝段。

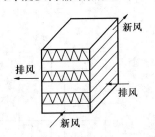

图10-6　板翅式全热换热器原理图

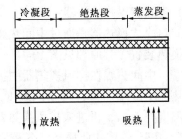

图10-7　热管元件结构示意图

空调用热管换热器的工作温度一般在 -20~60℃之间，氨是一种比较好的工质。热管换热器的主要特点是：

1) 结构紧凑，单位体积的传热面积大。
2) 没有运动部件，运行安全可靠，不另消耗能量。
3) 热管换热器的传热是可逆的，冷、热流体可以变换。
4) 可用于冷、热气流温差小的情况下。热管本身的温差小，接近于等温运行，换热效率高，但只能回收显热。
5) 维护管理方便。

第三节　暖通空调系统的测控设计

为了实现对暖通空调系统良好的运行管理，就必须对暖通空调系统进行监测和控制设计，包括系统参数监测、参数与动力设备状态显示、自动调节和控制、设备连锁与自动保护及中央监控与管理等。设计时，应根据建筑物的用途、系统的类型和运行方式，经过技术经济比较后确定其设计内容。本专业的工程设计人员应向自控专业人员提供具体的系统测控方案。

参数监测：对系统运行中有代表性的参数进行测量和监视，如冷水机组、热交换器进、出口水温，水泵进、出口压力等。根据有关参数，对系统进行必要的调节和控制，还可以自动记录参数随时间变化的关系，作为运行工况分析和积累运行数据。

参数和动力设备状态显示：对主机和系统的运行参数显示或显示动力设备及元件的工作状态，如冷水机组进、出口水温显示，可根据进、出口水温度调节冷水机组的负荷；动力设备显示，可了解设备运行是否正常。

自动调节：系统运行时，使控制参数自动的保持在设定值，或使运行过程按规定的范围变动。如热交换器被加热水的出水温度设定为某一值，通过设置在加热媒体管道上的电动或气动阀门的调节来调节热媒量，自动地保持温度设定值。

自动控制：使系统中的设备及元件按规定的程序启、停。如高层建筑走道内的排烟系统，当某层发生火灾时，消防控制中心根据火灾报警，自动开启火层的排烟阀，并启动排烟风机。

设备连锁：使相关的设备根据系统工作要求，按指定的程序启、停。如风机盘管的温控电动两通阀，一方面可以根据房间温度控制水阀的开、闭，水阀又可与风机连锁，当风机关闭时，水阀也随着关断。

自动保护：当设备运行状况异常，或某参数超过允许值时，发出警报信号，使系统中某些设备或元件自动停止工作，避免设备受到损坏。如冷水机组的冷凝压力，当冷却水温度过高时，冷凝压力升高，当冷凝压力超过设定值时，机组便自动保护，强迫停机。

中央监控与管理：以微型计算机为基础的中央监控系统，是实现能量管理的重要手段，使暖通空调设备和系统处于高效率状态下工作，使变工况条件下设备能进行合理的组合转换，中央监控系统是一个包括管理功能、监视功能和实现总体优化运行的多功能系统，如楼宇自动化。

一、监测与控制系统的设计原则

1．暖通空调系统在下述条件下，应采用自动控制：

（1）采用自动控制才能够防止事故发生和设备运行安全可靠时，暖通空调系统和设备应运行保护性控制。如电加热器与通风机连锁，当通风机停止运行时，电加热器立即断电，防止发生火灾。

（2）采用自动控制，可以合理利用能量并达到节能的目的时，暖通空调系统应采用自动控制。如空调冷水泵变转速变流量系统的控制，使循环水量随着空调负荷变化。

（3）工艺或使用要求室内温、湿度保持在一定范围内，而采用手动控制达不到要求或管理困难时，应采用自动控制。

（4）系统和设备要求集中管理采用楼宇自动化系统时。

2．在满足控制功能和指标的条件下，应简化自动控制系统的控制环节，以达到节省投资和提高系统可靠性的目的。自动控制系统应具有手动控制的可能，以便于调试和维护管理时使用。

3．采暖通风系统的下列参数，宜设置检测仪表：

（1）采暖系统的供水、供汽和回水总干管中的热媒温度和压力；

（2）热风采暖系统的室内温度、送风温度和热媒参数；
（3）送风系统的室内温度、送风温度和热媒参数；
（4）除尘系统、净化系统中，除尘器和净化设备的进、出口静压差；
（5）空气过滤器前、后静压差。

4. 空调系统的下列参数，宜设置检测仪表：
（1）室内、外温度和湿度；
（2）空气处理设备中，冷却、加热设备的进、出口温度；
（3）送、回风温度；
（4）换热器进、出口冷媒或热媒参数；
（5）空气过滤器进、出口的静压差；
（6）水过滤器进、出口的静压差；
（7）高层建筑水系统中，各层水平回水干管末端温度。

5. 空调冷、热源系统的下列参数，宜设置检测仪表：
（1）冷水机组蒸发器供、回水温度、压力；
（2）冷水机组冷凝器进、出水温度、压力；
（3）换热器进、出水温度、压力；
（4）水泵进、出口压力；
（5）分水器温度、压力；
（6）集水器温度、压力和各回水管的温度；
（7）水过滤器前、后压差；
（8）系统总水量。

6. 空调系统的空调器、通风机、水泵、电加热器等设备，为方便管理、保证安全运行，应设工作状态显示信号。

7. 空调系统的调节方式，应根据调节对象的特性参数、房间热湿负荷变化特点以及控制参数的精度要求等进行选择。例如根据精度的要求，结合调节对象、负荷变化等特点，尽量选择简单、经济的调节方式。

8. 室温允许波动范围大于或等于±1℃和相对湿度允许波动范围大于或等于±5%的空调系统，当水冷式空气冷却器采用变水量控制时，宜由室内温度、相对湿度调节器通过高值或低值选择器进行优先控制，并对加热器或加湿器进行分程控制，过去采用的变水温度控制机器露点的方法，冷、热抵消较大，而二次回风系统，克服了冷、热抵消的缺点，但调节环节复杂，采用室内温、湿度的高（低）值选择器控制水量变化，可以使空气处理后的参数直接达到送风状态点附近。

9. 闭式变流量空调水系统，宜采用以下自动控制措施：
（1）末端装置一次泵系统宜采用两通自控阀，二次泵系统应采用两通自控阀；
（2）根据空调负荷变化，控制冷水机组及其一次泵的运行台数；
（3）根据系统流量或压差变化，控制二次泵的运行台数和转速；
（4）末端设备采用自控两通阀的一次泵系统，以及通过改变水泵运行台数调节流量的二次泵系统的二次水系统。在系统供、回水总管之间设压差旁通控制阀。

10. 通风除尘系统，必要时应与有关工艺设备连锁，并提前启动，滞后关闭。

二、空调设备的控制

空调设备运行的自动控制对于合理的使用能量具有重要作用。从全年来看，空调负荷是随着季节的变化而变化的，室外的气象参数随时都在变化，室外空气参数真正等于设计计算参数的时间是非常少的，因此对空调设备的运行应进行相应的调节。空调设备调节的控制方法分手动控制和自动控制两类，自动控制方式对空调系统的调节品质、空调使用质量以及合理的使用能源都具有十分明显的优点，在空调工程中，自动控制已得到了广泛的应用。

自动控制由自控专业负责设计，暖通空调专业根据设备特性及空调工艺的要求，从工艺角度提出控制方案和技术要求，并委托自动控制专业进行设计。下面列举部分典型的控制方法。

（一）风机盘管的控制

1. 二管制水系统，表冷器供水量依靠阀门手动调节，阀门一次性调节后固定不变，水常流通，为定水量系统。室内温度的高、低由手动选择风机的三档变速开关来实现，如图10-8所示。这种控制方式，供水量不变，当风量改变时，送风参数也随之变化，从而达到调节的目的。采用这种方式风机盘管处理后空气的露点温度得不到控制。

2. 二管制水系统，表冷器供水量依靠阀门手动调节，阀门一次性调节后固定不变，水常流通，室内温度控制器控制风机的启停，手动三档变速开关调节风机的转速来调节风量，冬、夏采用手动转换。室内设置的温度控制器控制温度，夏季当室内空气温度低于整定值时，风机自动停开，如图10-9所示。与上面相同，风机盘管处理后空气的露点温度得不到控制，室内温度靠手动控制。

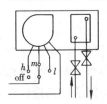   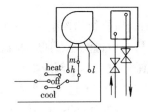

图10-8 手动选择风机三档转速　　图10-9 温度控制器控制风机三档开关控制风机转速

3. 二管制变流量水系统，手动三档开关控制风机转速，回水管上设电动二通阀，风机与电动二通阀连锁。风机停止工作时，二通阀关闭。室内温度控制器根据室内温度控制电动二通阀的启闭，当电动阀断电后，自动关闭切断水路。风机盘管处理后的空气露点温度得不到合理的控制，室内温度可以自动控制，如图10-10所示。

4. 四管制变流量系统，手动三档开关选择风机转速，调节风量。风机和电动二通阀连锁，由室温控制器控制冷、热盘管的电动二通阀的开、闭，如图10-11所示。

5. 二管制变流量水系统，手动三档开关控制风机转速，调节风量，水管上设电动三通阀。温度控制器调节电动三通阀的供水量，部分冷媒水由旁通管流向回水管，从而可以利用电动三通阀调节供水量。在风机盘管出风口处设置温度传感器，可以控制送风的露点温度，如图10-12所示。

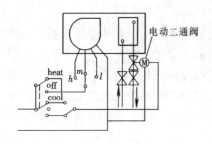
图 10-10　手动三档开关、温控器风机和电动二通阀连锁

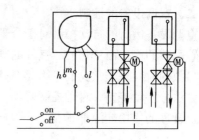
图 10-11　手动三档开关温控器控制电动二通阀风机和电动二通阀连锁

以上是几种风机盘管的基本控制方法，根据不同的功能要求，还有多种其他的控制方法。

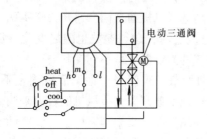
图 10-12　手动三档开关调节风量温控器控制电动三通阀

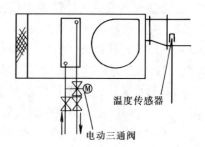
图 10-13　新风机组的控制

（二）新风机组的控制

新风机组由过滤器、风机和盘管组成，要求将新风处理到一定参数送到房间，盘管的供水可以采用电动三通阀或电动二通阀对供水量进行无级调节，温度传感器控制电动阀的开度，冬季和夏季的送风温度可以分别进行设定，空气过滤器前、后设置压差控制器，当过滤器经过一段时间的运行后，阻力会增大，当空气过滤器前、后压差达到设定值时，压差控制器便会报警，如图 10-13 所示。

（三）空气处理机组

1. 定风量，温度控制方法

对于舒适性空调系统，为了节约能源，往往不设相对湿度控制，如图 10-14 所示。

夏季：室外新风与回风混合后，经过滤器过滤，由回风温度 T 控制电动二通阀 4，通过调节供水量来调节送风温度。

冬季：由回风温度控制电动二通阀 5，调节供水量来调节送风温度。空气过滤器前后设压差控制器，观察过滤器的运行情况。

实际工程设计中，往往是空气冷却和加热共用一套盘管，但其控制原理相同。

2. 定风量，温度和相对湿度控制方法

对于工艺空调和舒适度要求高的舒适性空调，往往对室内的温度和相对湿度同时提出要求，如图 10-15 所示。

夏季：室外新风和回风混合后，经过滤器过滤，由露点温度 T_1 控制冷水电动二通阀

6，回风相对湿度 H 控制加湿器电动二通阀 8，回风温度 T 控制二次加热器的电动二通阀 7。当冷负荷减少时，为了保证室内相对湿度，需要对送风进行二次加热。空气过滤器前后设压差控制器，另外，还要求控制新风与回风的混合比例。

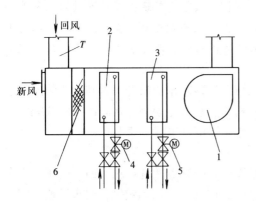

图 10-14　空气处理机组温度控制
1—风机；2—空气冷却器；3—空气加热器；4—冷水电动二通阀；5—热水电动二通阀；6—过滤器

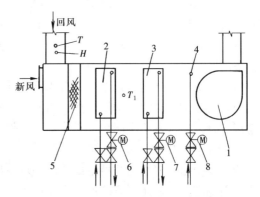

图 10-15　空气处理机组温度、湿度控制
1—风机；2—空气冷却器；3—空气加热器；4—空气加湿器；5—空气过滤器；6—冷水电动二通阀；7—热水电动二通阀；8—加湿器电动二通阀

冬季：由回风温度 T 控制热水加热器电动二通阀 7，回风相对湿度 H 控制加湿器电动二通阀 8，空气冷却器停止工作。

3. 变风量，温度和相对湿度控制方法

如图 10-15 所示，夏季风机为变转速变流量系统，表冷器由露点温度 T_1 控制电动二通阀 6，回风温度 T 控制风机的转速调节风量来调节房间的负荷；回风相对湿度 H 控制加湿器的电动二通阀 8 调节加湿量来调节房间的相对湿度。这种利用变风量来调节冷负荷避免了二次加热。

冬季：表面冷却器停止使用，由回风温度 T 和相对湿度 H 分别控制加热器电动阀 7 和加湿器电动阀 8，风机可以变风量运行。

4. 二次回风，温度和相对湿度控制方法

夏季：室外新风与一次回风混合，经空气过滤器和表冷器冷却，然后与二次回风混合，经加湿器由风机送入空调房间。由空气露点温度 T_1 控制表面冷却器电动二通阀 6，回风温度 T 控制一次回风和二次回风的混合比例调节送风温度，回风相对湿度 H 控制空气加湿器的电动二通阀 8，调节房间的相对湿度。

冬季：表冷器停止使用，回风温度和相对湿度分别控制空气加热器和加湿器的电动二通阀，调节房间的温、湿度，

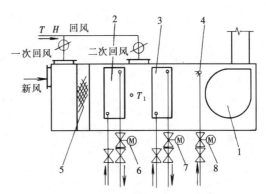

图 10-16　二次回风温度、湿度控制
1—风机；2—空气冷却器；3—空气加热器；4—空气加湿器；5—空气过滤器；6—冷水电动二通阀；7—热水电动二通阀；8—加湿器电动二通阀

风机为定流量运行，如图 10-16 所示。

（四）制冷机房的控制

1. 设备连锁控制

制冷机房的主要设备为冷水机组、冷水泵、冷却水泵及冷却塔，进行连锁启动和连锁停机是为了保证冷水机组安全运行。机器在启动前，冷水泵和冷却水泵、冷却塔应运行正常，然后再启动冷水机组。在这一原则下，不同工程的设计方法略有不同，下面举例说明各设备的连锁顺序：

当冷水机组接到运行指令后，首先开启冷水泵，当冷水水流量开关得到确认的流量信号后便开启冷却水泵和冷却塔，然后再开启冷水机组，也就是说当冷水和冷却水系统没有正常运行时，冷水机组不能启动，一般工程设计中是按时间顺序启动和停机的。

2. 冷水供、回水压差控制

冷水系统由于管网运行特性的改变，水泵的工作点也随着改变，供、回水的压差也会改变，因此在供、回水干管之间设电动压差控制阀的旁通管，以稳定供、回水压差，同时也满足了冷水机组定流量运行。

3. 冷却水温度的控制

冷却塔配用风机为变风量时，利用冷却塔出水温度控制风机转速改变风量来控制冷却水供水水温，当冷却水供水水温高于冷水机组的要求时，提高风机转速加大风量来降低供水温度，反之则减少风量提高供水温度，以便风机节能。如果是利用供水温度控制时，则要求冷却水量恒定，否则，当水量减少时，回水温度将升高，同样会降低冷却效果。

4. 冷量控制

在冷水供、回水干管上均设温度传感器，在主供水干管上设置流量计便可以测出供冷量，从而可以根据冷负荷来调整冷水机组的运行情况。

第十一章 工程问题反馈信息分析

施工图设计完毕后，设计工作已基本完成，但设计文件的质量还需要经过施工、运行的验证。在设计过程中，设计人员往往由于经验不足或思想认识的差异，设计内容不能满足施工或运行使用的要求，施工单位和使用单位将设计文件所存在的问题反馈给设计人员，设计人员将这些反馈信息经过分析、总结，并指导今后的设计工作，不断地提高设计质量。为此，下面选择了部分反馈的信息进行分析。

1. 某空调水系统总冷负荷 3450kW，两台冷水机组，3 台同型号、同规格的冷水泵并联，冬、夏合用一套水泵。

水泵的性能

$$Q = 224 - 320 - 416 \text{m}^3/\text{h}$$
$$H = 34.9 - 32 - 25 \text{m}$$
$$N = 45 \text{kW}$$

冬季供热设计水量为 300m³/h，冬季运行开一台水泵时，水泵电流增加很多，电机面临烧坏的危险。这是什么原因呢？

管网是按夏季供冷工况的水量设计的，总水量为 600m³/h，两台水泵并联同时运行，要冬季供暖时，只需 300m³/h 水量，开一台水泵。因而，共用部分的管网阻力大幅度减少，其关系如下：

$$(Q_1/Q_2)^2 = \Delta P_1/\Delta P_2$$

式中 Q_1，Q_2——分别为夏季和冬季设计工况的水量，m³/h；

ΔP_1，ΔP_2——分别为夏季和冬季共用管网部分相应的压降，m。

共用管网部分，当流量减少一半时，压降只为原来的 1/4，当水泵开一台不采用阀门调节水量措施时，水量会远远超过 300m³/h。所以，水泵功率增大，电流升高。水泵的工作特性见图 11-1，水泵设计工作点为 a，两台水泵同时运行；一台水泵运行时，工作点为 b。针对这种情况，可以增设一台小泵，流量和扬程均按冬季运行工况选型，如图 11-1，其工作点为 c。

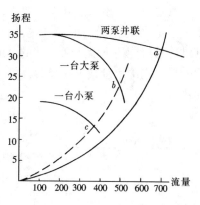

图 11-1 水泵工作特性图

2. 某空调系统，两台 1163kW 的冷水机组，两台空调循环水泵并联使用，水泵性能 $Q = 200$m³/h，$H = 32$m。由于回水主立管端土建结构不允许设置膨胀水箱，因而，膨胀水箱的膨胀管接至水泵出口端的供水主立管上，见图 11-2，膨胀水箱水位高出顶层水平干管 3m。开一台水泵时，系统运行正常，当两台水泵同时运行时，顶层空调效果不好，这是什么原因呢？

空调水系统内不应出现负压，否则，将会从排气阀或其他不严密处吸入空气而影响水系统的正常运行。因此，膨胀水箱的高度应保证 a 点不出现负压，即定压点 o 处的压力应大于水平管段的压降 ΔP。当一台水泵时，水量小，水平管段压降 ΔP 比较小，即 $\Delta P < 3m$，有可能是两台泵同时运行时，水量增大，ΔP 增大，当 $\Delta P > 3m$ 时，顶层水平回水干管出现负压使得风机盘管的排气阀不但不能排除空气，反而有可能会吸入空气，使风机盘管内存有空气而影响水流畅通，造成房间空调效果不佳。

3. 某空调系统，如图 11-3。两台水泵运行时，所有房间的空调效果都很好，当夏季室外气温不太高时，空调负荷减少，当只开一台机组和水泵时，根据供、回水温度判断，冷水机组负荷没有问题，但少部分房间效果不好。

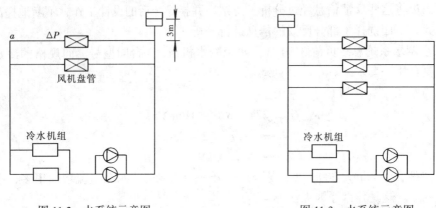

图 11-2　水系统示意图　　　　　图 11-3　水系统示意图

根据分析，可能有两种类型的情况，造成部分房间空调效果不好：一类是房间空调负荷受室外气象条件影响小的房间，如歌舞厅、中餐厅，它们夏季的冷负荷主要是灯光、人及菜肴等。当系统供水量减少一半时，上述房间的末端设备与其他房间一样按比例减小，这类房间冷负荷减少不多，而水量减少得比较多。因此，水量减少一半时，可能会影响房间的使用效果；另一类是，末端设备阻力比较大的房间，原来水系统并没有调到水力平衡，其水量本来就未达到设计要求，由于风机盘管等末端设备的特性，供冷量并不是与供水量成正比关系，譬如，某末端设备，由于水力不平衡，供水量只有设计的 70%，但是，其供冷量可能还可以达到设计的 90% 左右。因此，两台泵运行时，没有明显的影响到使用效果。当冷水量减少一半时，供水量的绝对数量减少得比较多，从而影响到房间空调的使用效果。

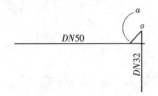

图 11-4　管道连接

4. 有两栋住宅楼，7层、异程式、垂直系统，如图 11-4 所示，末端立管顶部设有排气阀，运行时，该立管的一层～三层空调效果不好，开始怀疑管道堵塞，经检查，管道未堵，因为两栋楼发生同样的现象，也不大可能会同时都堵塞。后来，怀疑该环路管径偏小，阻力大，影响了水量，于是将管径加大一号，经运行仍不理想。经过全面分析，认为是空气排放问题。一是水平干管管径为 DN50，比立管管径大，上部有存空气的空间；另外，水平干管向右延伸了一段。水平干管与立管连接点 a 处，水流形成涡流，增大了末端立管的阻力，供水量减少，影响了下部楼层的空调效果。通过分析，将排气阀移至水平干管的末端 o，问题基本得到解决。

5. 某医院手术室，要求冬季室温 25℃，设计为风机盘管机组，散流器上送，百叶风口上回。运行时房间湿度达不到要求，由于散流器送风气流近似于贴附气流，在热气流的浮力作用下，送风的大部分空气直接从房间上部回向回风口，见图 11-5，送风气流只有部分送入工作区。因此，上部空间气温很高，工作区还达不到要求。通过分析，将送风气流改为贴附侧送，上部回风后，冬季室内工作区的室温满足了要求，如图 11-6 所示。

图 11-5 送风示意图　　　　　　　图 11-6 侧送上回

6. 某办公楼门厅，如图 11-7 所示。考虑门厅层高较高，冬季送热风时送不下来，采用了侧向下 30°送风，设计出口风速 6m/s，风管下设有散流器下送，风柜集中回风。运行时，达不到设计效果，侧向下送风射程不够。分析原因是，下送风散流器未装风量调节阀，阻力损失小，而侧送风风口要求出口风速高，阻力大，散流器风口如果不进行风量调节，则风量会增大很多，造成侧送风口送风速度达不到要求。因此，侧送风系统最好单独成系统，保证送风速度和气流射程，也可在散流器送风口风管上装调节阀，控制散流器的送风量。

7. 某宾馆卡拉 OK 包厢，面积为 $36m^2$，空调送风量为 $2040m^3/h$，送入新风量为 $600m^3/h$，使用中发现空气质量不好，烟雾弥漫，人感觉不舒服。根据分析，该包厢未设排风装置。包厢在使用过程中，一般门是关闭的，虽然设计有新风系统，但新风难以送入，起不到作用。对于卡拉 OK 包厢、小餐厅等类型的房间，应根据工程特点和使用要求，除设计新风系统外，还应设计排风装置。

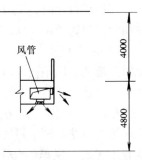

图 11-7 侧送风口与散流器装在同一管道上

8. 某宾馆厨房。为了使厨师有一个好的工作环境，在厨师工作台前设计了岗位送风系统，满足局部环境要求。设计选用了一台吊顶式空调柜，风量为 $4000m^3/h$，每个炉灶的前面设一倾斜的送风口。在夏季送冷风时，风柜表面结露十分严重，无法使用。其原因是，选用的空调风柜为通用产品，设备的外壳保温只能满足其安装在空调房间环境的要求，而厨房内气温较高，而且散发有大量的水蒸气，室内空气露点温度高，空调风柜外表面很容易结露，因此，应该加强设备的保温。

9. 某商场空调系统，空气处理设备选用了卧式吊顶风柜，风量 $8000m^3/h$，风压 260Pa，噪声 65dB（A）。共有四台同样产品，使用中，其中有两台噪声很大，而其他两台情况好些。诊断过程中首先怀疑那两台噪声大的风柜产品质量有问题，经厂家检查，未发现问题。从空调系统中发现，噪声大的风柜所在系统风管比较短，而且，管内风速比较低。因此认为，这两个系统的阻力比较小，而风柜的风压偏高，空调系统的风量增大，送回风的风速均增大，所以，系统的噪声增大。解决方法首先是应正确的选择设备，使所选设备的风压符合系统的要求；其次，要采用阀门调节风量，但这是一种不合理的补救措施。

10. 某办公楼，两台螺杆式冷水机组，单台制冷量 700kW，在室外气象参数接近设计条件时进行调试，发现冷水机组每运行一段时间后就跳闸停机。首先排除了机器本身的问题，冷却水进口温度为 31.8℃ 也符合要求，而出口温度达 39℃，这说明冷却水量偏小，冷却水泵性能：$Q = 130\text{m}^3/\text{h}$，$H = 20\text{m}$。可以看出，冷却水量符合冷水机组要求，而水泵扬程，应从两方面分析：

（1）冷却水泵的扬程包括有设备、管道及附件的阻力，冷却塔布水要求压力及冷却塔集水盘水面至布水装置间的高差。后者与设备因素有关，一般容易忽略。

（2）建设方反映，在冷水机组购货时，冷凝器的阻力比原设计高 20kPa，可能冷却水泵的扬程未进行修改导致冷却水量偏小。在工程建设中，设计产品的更改是常见的事，设计人员应经常关注，以免设备定货与设计选型不符而造成经济损失。

11. 某宾馆建筑，共 28 层，走道排烟系统设计排烟风量 12000m³/h，选择排烟风机风量为 15000m³/h，风压 600Pa，砖和混凝土混合烟道，风道断面 0.3m²，风速约 13m/s。风机设在屋顶，调试时发现最高三层的排风量接近设计风量，十五层以下风量明显减少，到五层风量只有设计风量的十分之一，分析其原因主要有以下两点：

（1）风道漏风严重，砖壁与混凝土壁连接处、砖壁与上部楼板连接处，均是漏风严重的部位。

（2）风道长，摩擦阻力大，风速比较高，因此风道内压降大。

在风道设计时，应分析土建结构特点，如果漏风面大，应尽量避免采用建筑风道，而采用金属材料风道；同时，风道内的风速不宜过大。

12. 某会议室，面积约 80m²，吊顶高度 3.0m。空调设计一台卧式吊装空调风柜，散流器上送风，风柜回风口为单层百叶回风口集中回风，室内设有温度控制器，控制风柜供水量，温度传感器设在回风口，夏季室内设定温度为 26℃，冬季设定为 22℃。夏季供冷运行时，室内温度控制效果比较好，但是当冬季供热运行时，房间温度偏低 3~4℃。其原因是：冬季上送上回气流在热浮升力的作用下，室内有较大的温度梯度，当回风口的温度到 22℃时，风柜供水管上的电动阀便关闭，而此时室内下部人员活动区的空气温度升不上去，说明室内空间上、下部的空气温度相差了 3~4℃。将温控器设定温度整定在 26℃时，室内温度有所提高，但室内仍存在着严重的温度梯度。

13. 某直燃式冷水机组制冷站，室外设有一个 15m³ 油罐，机房内设有 1 个 1m³ 的日用油箱，用齿轮油泵向日用油箱供油，由日用油箱的油位控制油泵的启停，见图 11-8。运行时一切正常，当日用油箱的油位达到高油位时，油泵自动停止工作，油位降到低油位时油泵启动。在直燃机停止使用时，油泵停止运行，发现室内储油罐内的油仍向油箱流动。如果不关闭阀门，日用油箱的油有溢出的危险。

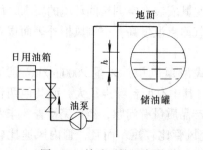

图 11-8 输油系统示意图

停泵时的过油是虹吸现象，储油罐内的油位高出日用油箱的油位,由于存在液位差,齿轮油泵又不够严密,因此油在液位差的作用下不断流动。经过这一分析,在油泵前的油管上加装一个电动阀,并与齿轮油泵连锁,当油泵停止运行时,电动阀也随之关闭。

14.某商场面积 360m²,设计选用空调风柜的性能是:风量 8000m³/h,表冷器为 6 排,产品资料标注产冷量为 95kW。外墙上设有两台排气扇,单台排风量为 600m³/h,运行时效果不好,商场内室温比较高。

从给出的资料看,商场单位建筑面积的空调冷负荷为 264kW,实际上,选用的空调风柜产冷量达不到 95kW。根据产品资料,其产冷量为 95kW 时的工况为处理新风工况,处理焓差为 9.9kJ/kg,此时方可达到 95kW 的产冷量。根据计算分析,该商场空调的空气处理焓差只有 4.2kJ/kg,可以推算出风柜的实际产冷量为 40kW,相当于单位建筑面积的空调冷负荷为 111W,所以,空调风柜选型偏小,商场空调供冷量不够。

15.某 7 层住宅采暖,由换热站提供热水,在换热站内设有温控系统,控制出水水温为 95℃,运行中发现房间过热。分析其原因,是由于将采暖供水水温控制在 95℃,使得采暖系统无法进行质调节,因而在供热负荷不大时房间过热。

同一项目,业主后来将采暖系统改为空调,室内用风机盘管供冷、供热,换热站内利用原有换热器用于冬季空调供热,运行中发现冬季效果不好。分析其原因,是由于采暖供热时水温差大、流量小,改为空调后,因为温差小流量大,而换热器又没有采取相应措施,因而限制了水流量,使空调效果不好。事后在换热器进出水管上设旁通管后,空调效果达到要求。

16.某综合楼,高层部分为写字楼,群房为商场,在过渡季节部分时间,写字楼要求供暖,而商场要求供冷,系统往往不能兼顾,影响了使用。主要原因是写字楼和商场冷负荷的特点不一样,写字楼的冷负荷主要是建筑围护结构传热和新风负荷,受室外气象条件影响大。而商场内,人体的热、湿负荷影响较大,受室外气象条件影响相对较小,从而造成了负荷差异。

解决方法举例:

例 1:商场空调方式设计为全空气系统,过渡季节采用全新风,充分利用室外风,水系统向写字楼供暖。

例 2:当无条件利用全新风时,可将写字楼和商场分别设计为各自的供、回水环路,在机房分、集水器上进行切换。分、集水器处于供热状态时,关闭分、集水器上的阀门 2(如图 11-9 所示),开启阀门 1 接通冷源,便可以实现同时向写字楼供暖、商场供冷的要求。

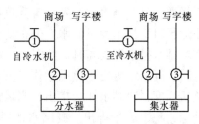

图 11-9 不同用户分区的切换

17.某工程空调冷、热源设备为二台风冷热泵机组和一台溴化锂直燃机组,并联运行,冬季运行时,风冷热泵机组出水温度为 45℃,回水温度为 40℃,直燃机出水温度 60℃。发现风冷热泵机组运行不够正常,时常自行停机。分析认为,回水温度偏高,达到 44~46℃,风冷热泵的冷凝温度偏高。因此,运行不正常。

18.某宾馆客房为风机盘管空调,新风管设在走道吊顶内。供回水水平干管设在新风

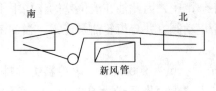

图 11-10 水管绕过风管

管的南面，北面风机盘管的供水支管绕过新风管，见图11-10。运行时，北面的风机盘管空调效果比南面差。分析认为，北面风机盘管供水支管绕过新风管的最高处，可能积有空气，使管内供水水流不畅，减少了供水量，因此北面房间空调效果差些。

19. 某工程空调主机采用风冷热泵机组，设备安装在屋顶，系统流程见图11-11。运行时，水泵的性能达不到要求，扬程偏低。设备未发现异常现象，分析认为，膨胀水箱定压在风冷热泵的进水口。风冷热泵机组蒸发器的水压降 ΔP 一般比较大，当膨胀水箱水面与排气阀的高差小于 ΔP 时，排气阀处于负压，将吸入空气，影响了水泵的正常工作，应将定压点 O 移至风冷热泵机组与水泵之间的管段上。

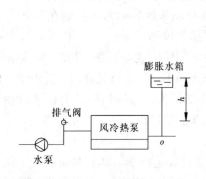

图 11-11 水泵安装位置示意图

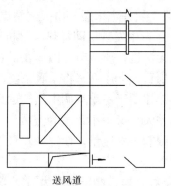

图 11-12 送风示意图

20. 某高层建筑防烟楼梯间合用前室正压送风系统，如图11-12所示。送风口设在合用前室的旁边。送风气流平行于门洞。测定时，门洞断面上的风速很不均匀，靠送风口侧还出现负压吸风现象，对防烟不利。分析认为，正压送风应保持门洞风送风风速基本均匀，才能保证稳定的防烟效果，送风气流不应直接吹向门洞。

21. 某工程组合空调器，夏季运行时，凝结水排放不畅通，只有当水位升到一定高度时才排水。当风机停止运行时，排出大量的水。分析认为，该现象一般出现在凝结水排水点较高时，如图11-13（a）所示。风机运行时，凝结水盘处于负压工作，只有当凝结水升至高于负压高度，凝结水才会排出，当风机停止运行时，负压消除，积水大量排出。凝结水的排放量建议按图11-13（b）所示的方式，降低排水点，并设存水湾，防止外面空气被吸入。

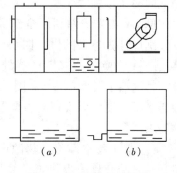

图 11-13 凝结水的排放

22. 某配电室排风系统，排风量 $16000m^3/h$，风管尺寸 $1.0m \times 0.5m$，风管风速约9m/s，选用轴流风机排风，并排至室外，运行时噪声很大，达到82dB。分析原因，一方面是轴流风机本身噪声大（约76dB），另外，排风口风速过大，约15m/s，因此，排风口气流噪声也比较大。建议先用噪声较小的离心风机，避免选用轴流风机,同时在风机出口处加一扩大变径管,以降低排风口风速。

23.某办公楼,共6层,采暖系统为上供下回的双管系统,出现上层室温过热,下层室温偏低的现象。其主要原因是系统垂直失调。双管系统上、下层间,存在有重力压头的差别,上层房间的散热器供、回水环路重力压头较大,因此,供水量增多,造成上层房间室温过热。解决办法:首先,在设计计算时要考虑系统中重力压头的影响,另外,在散热器供水支管上设调节性能较好的调节阀。

24.某空调系统,设计有3台500t/h的冷却塔并联的系统,运行时,其中有一台冷却塔水槽溢流水较严重,浪费了水量。

分析原因:3台冷却塔的供水或出水量不均匀,也可能供水和出水都不均匀。供水不均匀、出水均匀时,供水量大的冷却塔水槽会溢流水,而且会影响冷却塔的运行效果。如果供水量均匀、出水量不均匀时,出水量小的冷却塔水槽会溢流水。许多设计将各冷却塔的水槽间增设连通管,其实是解决各冷却塔的出水量不均匀的措施,但根本的是要对系统进行调节,以达到水量分配和排出基本均匀。

第十二章 工程设计实例

一、工程概况及设计范围

1. 工程概况

本工程包括有宾馆和写字楼两栋高层双塔建筑,总建筑面积 88000m², 其中地面以上 68000m², 地下 20000m², 宾馆建筑地面 26 层, 建筑高度 99.8m, 写字楼建筑地面 22 层, 建筑高度 85.8m, 裙房 6 层, 地下 3 层, 制冷机房和锅炉房设在地下一层, 冷却塔布置在裙房屋面。

2. 设计范围

暖通空调专业设计内容包括:

集中空调系统(含冷、热源);

空调冷却水系统;

防烟、排烟及通风系统;

人防通风系统。

二、设计依据

(1) 建设单位提出的设计要求:大楼要求设计集中空调,宾馆按一级旅馆标准设计;

(2)《采暖通风与空气调节设计规范》(GB50019—2003);

(3)《建筑设计防火规范》(GB16—87) 2001 版;

(4)《高层民用建筑设计防火规范》(GB50045—95);

(5)《汽车库、修车库、停车场设计防火规范》(GB50067—97);

(6)《人民防空地下室设计规范》(GB50038—94);

(7)《工业锅炉房设计规范》(GB50041—92);

(8)《城镇燃气设计规范》(GB50028—93);

(9) 建筑专业提供的设计图纸和要求;

(10) 电气、给排水等专业对本专业提出的要求。

三、室内、外空气设计参数

1. 室外空气设计参数

本工程位于长沙市,该地区室外气象参数摘录如下:

夏季空调计算干球温度:35.8℃

夏季空调计算湿球温度:27.7℃

夏季通风计算温度:33℃

冬季空调计算温度:−3℃

最冷月月平均相对湿度:81%

冬季通风计算温度:5℃

主导风向及频率如表 12-1。

主导风向及频率表　　　　表12-1

夏　季	C	16	冬　季	NW	31
	S	14	全　年	NW	24

2. 室内空气设计参数和标准

根据有关规定及类似工程设计资料，室内空气设计参数和新风量、噪声标准见表12-2。

室内空气设计参数和新风量、噪声标准　　　　表12-2

建筑名称	温度（℃）		相对湿度（%）		新风量 m³/(h·人)	噪声 dB(A)
	夏　季	冬　季	夏　季	冬　季		
大　堂	25	22	60	<40	15	≤55
客　房	24	22	60	<40	40	≤40
办公室	26	20	60	<40	30	≤45
会议室	25	20	60	<40	30	≤45
餐　厅	24	22	65	<45	25	≤50
歌舞厅	24	20	65	<45	30	≤55
包　厢	24	22	60	<40	30	≤50
咖啡厅	24	22	60	<40	25	≤50
娱　乐	26	22	60	≤40	25	≤50
游泳池	29		<60			≤55

四、空调负荷计算

选择冷水机组的冷负荷计算，应将整栋建筑物作为一个整体计算逐时冷负荷。

1. 维护结构瞬变传热引起的冷负荷限于篇幅，计算表格略。
2. 透过玻璃窗的日射得热冷负荷。

窗内遮阳设施的遮阳系数按灰白色活动铝百叶帘——0.6
窗的构造修正系数按双层5mm厚玻璃——0.69
窗综合修正系数——$0.6 \times 0.9 = 0.414$
地点修正系数按长沙，太阳总辐射负荷强度按上海（南——0.87，东、西——1.02，北——1.03）

3. 最大小时冷负荷汇总。
4. 内部热源引起的冷负荷

（1）照明散热引起的冷负荷：

本工程为综合性酒楼写字楼，室内照明按每平方米20W估算。

照明散热负荷　　　　$Q = 62000 \times 20 = 1240000W$

照明连续时间按24h计算，即6:00~24:00，计算照明分时负荷

（2）人员散热：

本工程室内人员由室内服务人员、写字楼职员、客房住宿人员、餐饮娱乐场所。考虑人员流动性较大，人员总数按下表估算。

人员散热按轻度劳动、室内温度24℃散热计算。考虑宾馆为24h运行，人员散热按全

热量计算。

(3) 室内设备散热。

5. 新风冷负荷

按初步设计设备表,空调系统新风柜总计约为 24000m³/h,室外空气焓约为 21.1 kcal/kg,室内空气状态点焓值约为 13.3kcal/kg。

新风冷负荷: $Q = 240000 \times 1.2 \times (21.1 - 13.3) \times 1.163 = 2612563 W$

6. 冷负荷汇总

经计算,空调计算冷负荷为 7416kW。

选择空调房间末端设备所依据的冷、热负荷可以选择部分有代表性的房间进行计算,或按负荷指标进行估算。冷、热负荷指标如表 12-3 所示。

冷热负荷指标 表 12-3

序号	建筑名称	空调面积 (m²)	负荷指标 (W/m²)		空调负荷 (kW)	
			冷负荷	热负荷	冷负荷	热负荷
1	写字楼	13000	130	75	1697	975
2	宾馆客房	20000	120	70	2400	1400
3	大 堂	1400	220	100	308	140
4	餐 厅	5000	320	90	1600	450
5	娱乐设施	4000	200	80	800	320
6	会议室	1100	300	100	330	110
7	健身、美容	300	180	80	54	24
8	裙房办公室	8000	120	75	960	600
9	职工餐厅	300	240	80	72	24
10	辅助用房	200	120	70	24	14
11	厨房及其他				72	150
12	游泳馆				40	150
	合 计				8317	4207

按负荷指标计算的冷、热负荷选择冷水机组时,计算冷、热负荷应乘以同期使用系数 0.85~0.9 左右。

五、空调冷、热源设计

空调冷负荷约为 7800kW,考虑冷损失系数 1.10,安全系数 1.05,冷水机组设计冷负荷为 $Q = 1.10 \times 1.05 \times 7416 = 8566 kW$。

本工程空调供冷的主要特点是负荷类型多、变化大。为了满足空调各时段的负荷变化要求,保持冷水机组高效率运行和运行调节方便,冷水机组选型采用大、小机匹配的方案,选择制冷量为 3488kW 机组两台,制冷量为 1744kW 机组一台,总制冷量 8720kW。

可供选择的方案有:

方案Ⅰ:离心式冷水机组 2 台,制冷量 3488kW/台,多头螺杆式冷水机组 1 台,制冷量 1744kW/台。燃气无压热水锅炉 2 台,制热量 2100kW/台。

方案Ⅱ:燃气直燃机 2 台,制冷量 3488kW/台,燃气直燃机一台,制冷量 1744kW/

台。制冷制热两用。

设备选型：

方案Ⅰ：

(1) 离心式冷水机组 2 台

$$Q_1 = 3488 \text{kW/台} \quad N = 660 \text{kW}$$

(2) 离心式冷水机组 1 台

$$Q_2 = 1744 \text{kW/台} \quad N = 360 \text{kW}$$

(3) 冷却塔 5 台组合

$$G = 400 \text{t/(h·台)} \quad N = 11 \text{kW}$$

(4) 冷水泵 3 台（其中 1 台备用）

$$G = 600 \text{t/h} \quad H = 38 \text{m} \quad N = 11 \text{kW}$$

与大机组配套，两用一备。

(5) 冷水泵 1 台

$$G = 300 \text{t/h} \quad H = 38 \text{m} \quad N = 45 \text{kW}$$

与小机组配套，大泵作备用。

(6) 热水泵 2 台

$$G = 300 \text{t/h} \quad H = 30 \text{m} \quad N = 37 \text{kW}$$

(7) 冷却水泵 6 台

$$G = 400 \text{t/h} \quad H = 28 \text{m} \quad N = 45 \text{kW}$$

(8) 无压热水锅炉 2 台

$$Q_g = 2100 \text{kW} \quad N = 7.5 \text{kW}$$

方案Ⅱ：

(1) 燃气直燃机 2 台

$$Q_1 = 3488 \text{kW/台} \quad N = 15 \text{kW} \quad \text{燃气量：制冷 } 270 \text{m}^3/\text{h}$$

制热 $300 \text{m}^3/\text{h}$

(2) 燃气直燃机 1 台

$$Q_2 = 1744 \text{kW/台} \quad N = 11 \text{kW} \quad \text{燃气量：制冷 } 135 \text{m}^3/\text{h}$$

制热 $150 \text{m}^3/\text{h}$

(3) 冷却塔 5 台组合

$$G = 500 \text{t/(h·台)} \quad N = 15 \text{kW}$$

(4) 冷却水泵 3 台（其中 1 台备用）

$$G = 600 \text{t/h} \quad H = 42 \text{m} \quad N = 110 \text{kW}$$

(5) 冷水泵 1 台

$$G = 300 \text{t/h} \quad H = 42 \text{m} \quad N = 55 \text{kW}$$

(6) 热水泵 2 台

$$G = 300 \text{t/h} \quad H = 30 \text{m} \quad N = 37 \text{kW}$$

(7) 冷却水泵 6 台（其中 1 台备用）

$$G = 500 \text{t/h} \quad H = 32 \text{m} \quad N = 75 \text{kW}$$

主要设备价格和辅助设施价格比较如表12-4。

主要设备价格和辅助设施价格比较表　　　表12-4

比较项目	方案Ⅰ	方案Ⅱ	比较项目	方案Ⅰ	方案Ⅱ
冷水机（万元）	390	675	冷却塔（万元）	60	70
冷水泵（万元）	10	10	无压热水锅炉（万元）		70
热水泵（万元）	4	4	配电装置（万元）	135.5	50.4
冷却水泵（万元）	15	18	机房土建差价（万元）		30

配电装置按600元/kW计算，机房土建费按3000元/m²计算，表中只对主要设备的可比部分进行了比较。比较结果取决设备的价格。本比较选择了中高档水平的设备价格。

空调设备能耗费比较：

电价：0.76元/（kW·h）

气价：电力制冷2.0元/m³，直燃机1.8元/m³

两方案能耗比较见表12-5。

运行能源费比较如表12-6（元/h）。

两方案能耗表　　　表12-5

项　目	方案Ⅰ	方案Ⅱ
耗电量（kW）	2260（夏）	840（夏）
耗天然气量（m³/h）	470（冬）	680（夏）470（冬）

运行能源费比较表　　　表12-6

方案Ⅰ		方案Ⅱ	
夏　季	冬　季	夏　季	冬　季
1717.6	940	1862.4	846

夏季运行4个月，每天24h，负荷系数0.5。冬季运行3个月，每天24h，负荷系数0.5。

方案Ⅰ：年能源费 R_1

$$R_1 = 4 \times 30 \times 24 \times 0.5 \times 1717.6 + 3 \times 30 \times 24 \times 0.5 \times 940 = 3488544 \text{元}$$

方案Ⅱ：年能源费 R_2

$$R_2 = 4 \times 30 \times 24 \times 0.5 \times 1862.4 + 3 \times 30 \times 24 \times 0.5 \times 846 = 3595536 \text{元}$$

经过技术经济比较，本工程选择离心机、螺杆机加燃气无压热水锅炉方案。

空调冷水循环泵，对应离心式冷水机组选用了3台大泵，两用一备，对应螺杆式冷水机组选用1台小泵，扬程与大泵相同。利用大泵备用。考虑冬季运行循环水量小、系统阻力小的特点，选用1台低扬程的空调热水泵，利用大冷水泵作备用。当夏季冷负荷低只用螺杆机时，使用冬季热水泵，可以大幅度节约电能。

冷却水泵用6台，每台离心机配2台，螺杆机配1台，备用1台。利用大泵作为小泵的备用。

冷却塔选用5单元横流超低噪声冷却塔，每单元流量400t/（h·台），离心式冷水机组配2台，螺杆机组配1台。

六、空调系统及方式

空调系统采用风机盘管加新风系统。夏季由冷水机组制备7℃冷水，冬季由锅炉房供给60℃的热水。按季节分别送至空调房间的空气处理设备，对空气进行冷却、去湿或加热处理。按使用功能，平面布置分别设计新风系统，新风经过滤和冷却、去湿或加热后送入空调房间，人员集中的房间，如餐饮、娱乐、会议室等设计排风系统，卫生间设排气扇排风。

水系统为双管制。垂直高度约106m，竖向不分区。冷水机组选用承压为1.6MPa的设备，为了运行管理方便，水系统分为6个供、回水环路：(1) 宾馆客房；(2) 写字楼办公用房；(3) 小餐厅；(4) 娱乐等公用设施；(5) 游泳馆；(6) 地下室设备用房。客房和写字楼系统立管为同程式，裙房系统立管为异程式，各标准层的水平干管由于长度不长，采用异程式，通过加大管径的措施，降低异程式管道的流速，满足系统水力平衡的要求。裙房空调水平干管采用同程和异程相结合的形式。风机盘管回水支管上设电动两通阀，为保持水系统工作压力稳定在规定的范围内，在分水器和集水器之间设置电动压差旁通阀。

主要建筑物的空调方式：

(1) 客房、办公室、小会议室、餐饮和娱乐包厢等面积较小的房间，采用风机盘管加新风系统。根据装修形式，分别设计为侧送上回和上送上回两种形式。顶送风系统接有风管，选用高静压型风机盘管，新风经处理后直接送入室内。

(2) 宴会厅、大型餐厅、大会议室、歌舞厅、大堂等高大空间建筑物，采用组合空调器和吊顶风柜加新风形式，气流形式为上送下回或上送上回。

(3) 大堂中庭层高较高，考虑冬季送热风时热气流的浮升作用，采用侧送下回。根据室内条件一部分下送。

(4) 游泳池采用组合式双风机空调器，上送下回。排风设热回收装置。

(5) 餐厅、会议室、歌舞厅、娱乐包厢等人员集中的场所设计排风系统。

主要建筑物的通风方式：

(1) 洗衣机房散热量大，设计有送、排风系统，排风口设在散热设备的上方，送风口设在操作岗位处和人员通道上方。

(2) 厨房炉灶上方设排油烟罩排风，排出烟气经去湿净化后排入高空。炉灶前主要工作岗位设岗位送风。

(3) 锅炉房、制冷机房、配电房、汽车库等设计与排烟系统相结合的排风系统。

(4) 卫生间设排风装置。

七、防、排烟设计

1. 机械防烟设计

根据《高层民用建筑设计防火规范》要求，在防烟楼梯间、合用前室、地下室防烟楼梯间设有机械防烟系统，系统划分如表12-7。

机械防烟系统划分表　　　　表12-7

系统编号	系统名称	送风量 (m³/h)	风机性能	风口设置
Hs—1	裙房防烟楼梯间正压送风	25000	32000m³/h 620Pa	每隔两层设一常开风口
Hs—2	写字楼防烟楼梯间正压送风（前室不送风）	40000	44000m³/h 730Pa	同上
Hs—3	写字楼防烟楼梯间正压送风	25000	28000m³/h 580Pa	同上
Hs—4	写字楼合用前室正压送风	22000	28000m³/h 650Pa	每层设常闭风口
Hs—5	宾馆防烟楼梯间正压送风（前室不送风）	40000	44000m³/h 730Pa	每隔两层设一常开风口

续表

系统编号	系统名称	送风量（m³/h）	风机性能	风口设置
Hs—6	宾馆防烟楼梯间正压送风	25000	28000m³/h 580Pa	同上
Hs—7	宾馆合用前室正压送风	22000	28000m³/h 650Pa	每层设常闭正压送风口
Hs—8	地下室防烟楼梯间正压送风	24000	26000m³/h 500Pa	

楼梯间设常开风口，火灾时，由消防控制中心远程控制或现场手动控制送风，风机出口设止回阀，合用前室设常闭正压送风口，火灾时，由消防中心远程控制或现场手动控制开启着火层送风口，并连锁启动风机。

2. 机械排烟设计

根据《高层民用建筑设计防火规范》要求，设计有以下机械排烟系统：

PY-1～PY-3 系统：地下一层至三层排烟。每层分两个防烟分区，各设一个排烟系统，排烟风管穿越风机房处，设 280℃ 的防火阀。每层排风量 75000m³/h。

PY-4～PY-6 系统：地下层房间排烟兼排风。选用双速离心风机，平时通风时低速运行，火灾时高速运行排烟。排风量分别为 15000m³/h、20000m³/h、22000m³/h。

PY-7～PY-10 系统：地下层设备用房排烟兼排风。平时作排风用，火灾时，由消防控制中心确认排烟风机的工作状态并使其处于运行状态，排烟风管穿越风机房处，设 280℃ 的防火阀。排风量分别为 20000m³/h、22000m³/h、18000m³/h。

PY-11 系统：走道排烟。火灾时使用。排风量为 54000m³/h。

PY-12 系统：写字楼内走道排烟。火灾时，由消防控制中心控制，开启排烟阀并启动排烟风机，风机入口设 280℃ 防火阀。

八、人防通风

地下二层和地下三层设有人防设施，按二类人员掩蔽体设计。

地下二层，建筑面积约 800m²，为一个防护单元，掩蔽人员 700 人左右。地下三层，建筑面积 1600m²，掩蔽人员 1500 人左右。设所有清洁式、滤毒式和隔绝式送风系统。滤毒式系统为室外空气经过过滤、滤毒后，由风机送入室内。选用电动、脚踏两用风机。

九、监测与控制

本工程设计有楼宇自控系统，主要监测和控制的内容如下：

（1）分水器、集水器设温度、压力监测，各环路设回水温度监测（供调试用）。

（2）分水器和集水器之间设电动压差旁通阀。

（3）冷水机组冷水和冷却水进、出口压力监测及出水口温度监测。

（4）空调冷水泵、冷却水泵前后压力监测。

（5）Y 形水过滤器前、后压差监测及报警。

（6）空调冷水流量监测，统计空调负荷。

（7）冷水机组的电功率消耗，监测制冷效率。

（8）冷却水供、回水温度。

（9）各层回水温度监控。

（10）膨胀水箱液位控制、显示及报警。

（11）空调风柜、新风柜回水管上设电动阀。
（12）风机盘管回水管上设电动两通阀。
（13）主要设备工作时间累积。
（14）主要设备工作状况监控。
（15）制冷机房设备连锁控制。
（16）无压热水锅炉进、出口水温、压力监测。
（17）燃气锅炉房气体浓度报警。
（18）室外空气参数的监测。

十、空调系统主要节能措施

（1）根据空调负荷的分布特点，选用两台大制冷量的离心式制冷机和一台小制冷量的螺杆式制冷机。螺杆机主要用于低负荷时调节负荷用，使冷水机组始终处于高效、稳定的状况工作，以节省电能。

（2）水泵选型应适应负荷的变化，分季节、大小匹配组合，对不同运行工况的流量和阻力变化调节灵活。

（3）末端设备设电控阀，调节房间温度和控制设备运行，避免不必要的能量消耗。

（4）室内游泳池排风量大，温度高，设有热回收装置。

（5）对大空间，室内余热较大的大型空调系统，设计全新风运行的可能，过渡季节充分利用室外天然冷量。

（6）楼宇自控系统，使运行管理更科学。如根据室外气象变化，合理选择冷水机组的运行参数，根据空调负荷的变化，合理选择冷水机组、水泵的匹配、组合形式，使设备处于高效率运行状态等等。

附图：

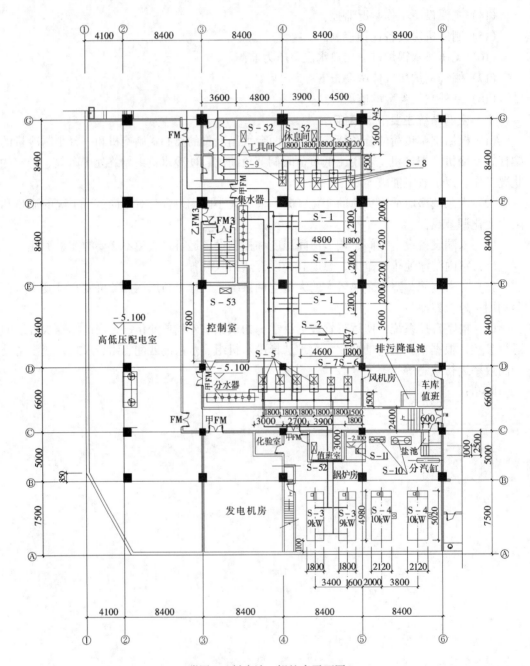

附图1 制冷站、锅炉房平面图

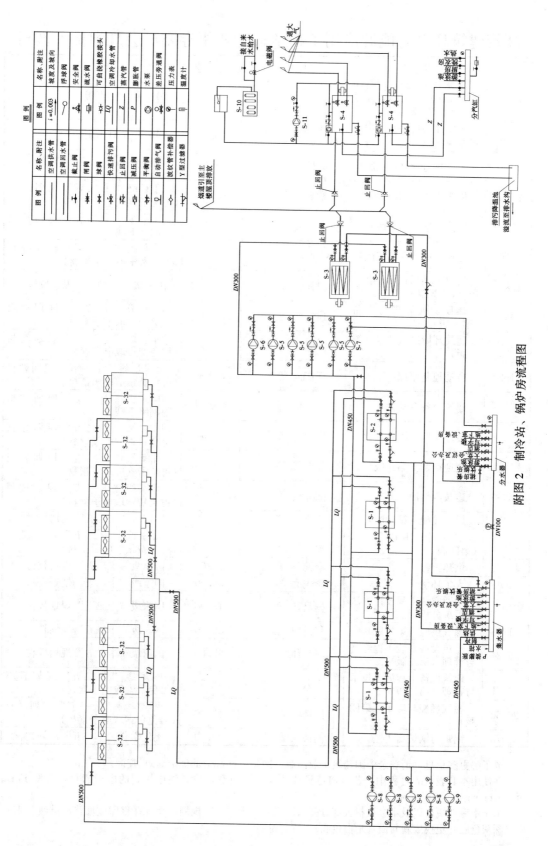

附图 2 制冷站、锅炉房流程图

高校建筑环境与能源应用工程学科专业指导委员会规划推荐教材

征订号	书名	作者	定价（元）	备注
23163	高等学校建筑环境与能源应用工程本科指导性专业规范（2013年版）	本专业指导委员会	10.00	2013年3月出版
25633	建筑环境与能源应用工程专业概论	本专业指导委员会	20.00	2014年7月出版
20976	工程热力学（第五版）	廉乐明 等	33.00	国家级"十二五"规划教材（附网络下载）
25400	传热学（第六版）	章熙民 等	42.00	国家级"十二五"规划教材（可免费索取电子素材）
22813	流体力学（第二版）	龙天渝 等	36.00	国家级"十二五"规划教材（附网络下载）
19567	建筑环境学（第三版）	朱颖心 等	37.00	国家级"十二五"规划教材（可免费索取电子素材）
18803	流体输配管网（第三版）（含光盘）	付祥钊 等	45.00	国家级"十二五"规划教材
20625	热质交换原理与设备（第三版）	连之伟 等	35.00	国家级"十二五"规划教材（可免费索取电子素材）
16924	建筑环境测试技术（第二版）	方修睦 等	36.00	国家级"十二五"规划教材（可免费索取电子素材）
21927	自动控制原理	任庆昌 等	32.00	土建学科"十一五"规划教材（可免费索取电子素材）
15543	建筑设备自动化	江亿 等	26.00	国家级"十二五"规划教材（附网络下载）
18271	暖通空调系统自动化	安大伟 等	30.00	国家级"十二五"规划教材（可免费索取电子素材）
21012	暖通空调（第二版）	陆亚俊 等	38.00	国家级"十二五"规划教材
18069	建筑冷热源	陆亚俊 等	37.00	国家级"十二五"规划教材
20051	燃气输配（第四版）	段常贵 等	38.00	国家级"十二五"规划教材
19286	空气调节用制冷技术（第四版）	彦启森 等	30.00	国家级"十二五"规划教材（可免费索取电子素材）
12168	供热工程	李德英 等	27.00	国家级"十二五"规划教材
14009	人工环境学	李先庭 等	25.00	国家级"十二五"规划教材
21022	暖通空调工程设计方法与系统分析	杨昌智 等	18.00	国家级"十二五"规划教材
21245	燃气供应（第二版）	詹淑慧 等	36.00	国家级"十二五"规划教材
20424	建筑设备安装工程经济与管理（第二版）	王智伟 等	35.00	国家级"十二五"规划教材
24287	建筑设备工程施工技术与管理（第二版）	丁云飞 等	48.00	国家级"十二五"规划教材（可免费索取电子素材）
20660	燃气燃烧与应用（第四版）	同济大学 等	49.00	土建学科"十一五"规划教材（可免费索取电子素材）
20678	锅炉与锅炉房工艺	同济大学 等	46.00	土建学科"十一五"规划教材

欲了解更多信息，请登录中国建筑工业出版社网站：www.cabp.com.cn 查询。

在使用本套教材的过程中，若有何意见或建议以及免费索取备注中提到的电子素材，可发 Email 至：jiangongshe@163.com。

由于本专业更名以及本套教材大部分列入国家级"十二五"规划，我社在重印或修订时陆续将旧封面（深灰色底）更换成新封面（米白色底），特此说明。